蒋菡 著

态度

大国工匠
和他们的时代

中国工人出版社

目录

002　**余梦伦**
　　　一门心思做好自己的工作　　　1936 年

030　**包起帆**
　　　对荣誉清零　才能不断前行　　　1951 年

057　**林　鸣**
　　　向着最好的方向去做　　　1957 年

082　**高凤林**
　　　像火箭一样燃烧自己　　　1962 年

112　**巨晓林**
　　　只有热爱　才能干好事业　　　1962 年

141　　**陆建新**  1964年
坚持是蛮重要的事情

171　　**姚惠芬**  1967年
我不愿意重复自己

198　　**郑春辉**  1968年
把精力放在最值得的地方

227　　**罗昭强**  1972年
不信命　信奋斗

260　　**竺士杰**  1980年
当一根好用的烧火棍

287　　后　记

用技艺表达自我　以态度致敬时代

一门心思
做好自己的工作

余梦伦

一门心思做好自己的工作。　——余梦伦

余梦伦

中国科学院院士,航天飞行力学、火箭弹道设计专家,中国弹道式战略导弹和运载火箭弹道设计的开创者之一。他也是航天一院一部"余梦伦班组"第五任班组长、终身名誉班组长。

1936 年 11 月
出生于浙江省余姚县(现余姚市)

1938 年
随母亲到上海投奔父亲

1960 年
毕业于北京大学数学力学系,被分配到国防部第五研究院一分院总体部

1966 年
在航天一院一部 11 室 1 组成立后,承担运载火箭的弹道设计工作

1978 年
被表彰为"全国科学大会先进科技工作者";提出的"长征二号小推力弹道方案"获"全国科学大会奖"

1979 年
获评"全国劳动模范"

1999 年
当选中国科学院院士

2009 年
以余梦伦的名字命名的"余梦伦班组"成立,是中国首个以院士名字命名的高科技创新班组

2020 年
获国际宇航联合会"名人堂"奖项

感兴趣的问题

1. 设计弹道这件事已经干了 60 年,会不会觉得枯燥?
2. 航天事业起步时期很艰难,您和同事们有多拼?
3. 参与过那么多次发射,最难忘的是哪一次?
4. 您应该也经历过火箭发射失败,如何面对失败?
5. 作为班组长,带好一支科研型团队有什么秘诀?

受访者
余梦伦

采访者
蒋菡

采访时间
2019 年 12 月 10 日

任何职业,只要一步一个脚印地努力,一定会有收获

蒋:

感觉航天跟普通人距离比较远,弹道设计一般人可能也不太了解。如果要打一个比方来介绍您所做的工作,您会怎么说?

余:

弹道设计好比在天上修铁路,唯一不同的是,铁路的轨道是固定的,而弹道的轨道是变化的。在导弹的飞行过程中,电脑自动识别外部环境信息,自动修正路线。

我们弹道组要完成两个任务:一个是知道了要造什么导弹以后,设计它的飞行轨迹;另一个是别人提出一个射程,我们就根据这个要求来设计弹道。具体来讲,我们要为运载火箭设计飞行轨迹,包括确定火箭

余：起飞的地点、发射方位、飞行姿态，确定它飞行的高度、速度、运载能力等。

蒋：我听"余梦伦班组"的一个"90后"说，他是在2003年10月15日看到杨利伟进入太空的新闻时，萌生了航天梦。您小时候我国航天事业还未起步，您应该对航天还没什么概念。您儿时的梦想是什么？

余：造船。我家在苏州河边上，我天天看到船，当时对船很感兴趣，特别是大轮船。我还找了些木头，敲敲打打，用刀子削一削，自己做了一艘船，基本没有花什么钱。

现在孩子的玩具很多是买现成的，或是买些配件来组装一下。我们那时候喜欢什么东西就得自己做，我特别喜欢自己动手做东西。

蒋：您那时候特别想造什么样的船？

余：我想造大轮船。那时候我就看到黄浦江上有那么多艘大轮船，却没有一艘是中国的，我们只有那些破破烂烂的小木船。

蒋：后来为什么没学造船？

余：高考时，我本来的志愿是考上海交大的造船系，但体检查出来我是色弱。那时候对色弱的限制很严格，工科所有的专业我都不能考。这件事对我打击特别大，我想"完了，最想干的事情干不了了"。

蒋：人生有些时候会遇到出其不意的风浪，让您无法朝着既定的方向航行。您是如何调整航向的？

余：我父亲跟我说，不能选择工科，就转向理科。你喜欢数学，为什么不去学数学呢？任何职业，只要一步一个脚印地努力，一定会有收获。

我想想也是。当时北大的数学力学系是全国最强的，既然要读,就要读最好的,我决定报考北大。

蒋:
您小时候就特别喜欢数学吗?

余:
也是偶然。五年级的时候,我们上海闸北区搞了个数学竞赛,学校指定我去参加,我们全家人都很高兴。当时我也没怎么准备,稀里糊涂地就去考了,后来考了什么成绩我记不清了,但是这次比赛对我影响很大,因为我是唯一一个代表学校去参赛的。从那以后,我对数学的感觉就不一样了。

蒋:
被肯定很重要,尤其是对孩子来说。

余:
但是那时候我也没想一辈子搞数学,小时候最大的理想是当个技师。那时候我的周围都是像我父亲一样的店员,也有当工人的,好像人生的出路就是当个店员、当个工人。我根本没有想过要上大学,当时就想考一个技校。当时在上海最吃香的技校是国立上海高级机械职业学校,简称"国立高机"。它是最难考的,比大学还难考。

蒋:
要是您当初上了技校,我们国家可能多了一个高级技师。后来为什么没上技校?

余:
我父母还是希望我读高中、考大学。他们是在私塾里认识的,又靠知识在大上海有了一席之地,所以都坚定地认为只有读书这条路最可靠。

蒋:
您还记得拿到北大录取通知书时的心情吗?

余:
很开心。幸好考上了北京大学,我可以自我安慰一下。但是我心里总觉得这不是我最向往的,所以进了大学以后,一般学数学的人都有将来当数学家的理想,可我根本没有往这方面想。

蒋：
您往哪方面想的？

余：
我们数学力学系，有数学和力学两个专业。我学的是力学，因为这个专业可以和机器打交道。到大三时，系里又成立了计算数学专业。我想这个专业好，可以和计算机打交道了，就转到计算数学专业去了。

我心里懵懵懂懂，就觉得跟原来的理想还接近了一点，过去想造船，现在造火箭，都是干具体的事

蒋：
我国的航天事业开始于1956年，也就是您上大二的那年，当时在学数学的您应该还想不到将来会干航天事业吧？

余：
国防部第五研究院（简称"老五院"）成立于1956年，我是1960年去的，正是我国航天事业开始大发展的时候。那一年中苏关系破裂，苏联专家全都撤走了，我们国家提出自己搞"两弹一星"。

我毕业那年，全国高校毕业生都先停止分配工作，先由"老五院"到各个学校去招人。原来"老五院"只有1000多人，那年一共招了5000多人。

当时在北大，学生每几天就被挑走一批。我大概是第四批被挑走的，而且是保密的，我也不知道会被分到哪儿去，只知道到国家保密单位去，就觉得很光荣。我们系就两个人被挑走了。系总支书说："根据国家

的安排，你们两位要提前毕业，被分配到国防尖端部门，不需要带任何东西，这个单位是保密的，不许跟任何人说，回去马上准备，明天有车来接你们。"

第二天，来了辆卡车，把我们北大五六个学生接走了。来接的人也没说去什么地方，车子一路往东开，开到长安街，我还挺高兴的，心想这个单位在城里。到了天安门往南一拐，看来要到天桥那边去了，可车还没停。出了永定门就是庄稼地，什么房子都没有了，我也不知道要去哪儿了，就不管了。到了东高地，有个东营房，我们下了车，有人告诉我们，我们是来干导弹的。

蒋：
干航天，应该是您没想到的吧？

余：
分到干航天的单位，我都蒙了。航天我也不懂啊，我是学数学的，这个怎么搞？后来一到班组，人家说我们是负责设计弹道的，我一看好几个人都是学数学的，心就放了下来。当时咱们国家的高校还没有开设航天专业，所以很多人都是从工业专业改行过来的。我心里懵懵懂懂，就觉得跟原来的理想还接近了一点，过去想造船，现在造火箭，都是干具体的事。我喜欢搞工程。

蒋：
在您踏入航天这一行的时候，整个中国航天事业几乎还是一张白纸。

余：
我们是4月份来的，当时这个地方叫胡良庄一号，我们还以为是没有粮食的"无粮庄"，因为真的很荒凉，什么都没有。这个地方原来是为南苑机场服务的一个卸货的火车站，所以房子周围都是铁轨，后来都拆了。我们这个楼就是1960年建的，我们当时还参加了劳动，挖地基。

蒋：

当时国家下了很大的决心发展航天事业，但自力更生并不容易。

余：

当时"老五院"第一任院长钱学森的话给了我们很大的信心。他说他相信两件事情：一是相信中华民族有能力攻克科学的难关；二是相信广大知识界人士都是爱国的。国家对我们那么信任，我们要好好地搞这个尖端事业。

钱学森这个榜样的力量很大，那时候他在美国航天界已经很出名了。他1948年提出的滑翔弹道，是解决洲际航行问题的。那时候从欧洲到美洲，可以坐船或者坐飞机，飞机行程将近10个小时，所以他想利用火箭来代替飞机。但是火箭的弹道不能直接用来运送旅客，所以他发明了一种特殊的弹道，叫滑翔弹道，后来我们都叫它"钱学森弹道"。

蒋：

进入国防尖端科研部门，您当时是什么感受？

余：

我感觉很幸运，国家对我们那么重视，在各方面待遇上都给了我们特殊政策。当时正是国家困难的时候，但进了我们大院，就不需要考虑口粮问题了。后来我们的粮食也搞了定量，但我们的量比社会上的多，我们的工资也比一般大学生的要高一级。国家为什么要这样做？是把生死存亡的希望寄托在了我们这支队伍上，希望我们这一代人能独立自主地把航天事业搞上去。像邓小平说的，"如果60年代以来中国没有原子弹、氢弹，没有发射卫星，中国就不能叫有重要影响的大国"。所以我们都懂得知恩图报，报恩心理在我们老一代航天人身上确实是根深蒂固的。

让我们比较感动的是，1961年在人民大会堂开了个"老五院"的全院动员大会，扭转了当时的"极左"思潮，因为当时社会上认为"知识越多越反动"。聂帅（编者注：指聂荣臻）提出，研究所、科学家的根本任务是出成果、出人才。如果我们单位不能出成果、出人才，那我们就是"犯罪"。那是个转折点，迎来了"老五院"第一个科学的春天，后来召开的全国科学大会是第二个科学的春天。

蒋：
这春天激发出了大家巨大的干劲儿吧？

余：
那时我们每天干到晚上9点、10点。办公室规定每天晚上10点熄灯，10点以后不让在岗位上，领导9点以后就去办公室让大家下班。我们把全部精力都投入科研中。当时要求在1965年到1972年的8年内把4种导弹搞成，最后我们在1971年9月就基本上搞完了。

所以我觉得有中央的决心、中国人民的智慧、中国科学家的拼搏精神，国防尖端事业就会飞速发展。到1970年，我国发射了第一颗人造卫星，成功地完成了"两弹一星"任务。

从二万五千里长征到"两弹一星"，性质是一样的，刚开始都没有把握，最后还是成功了

蒋：
60年来，您执行过很

余：
1960年10月5日，我国在酒泉发射"1059"导弹，

蒋：
多次发射任务，最难忘的是哪一次？

余：
我那时候才工作半年，很幸运能见证我国第一颗导弹的发射。我印象特别深刻，很兴奋。

蒋：
宣布发射成功的时候，您跟同事们是怎么庆祝的？

余：
咱们中国人比较保守，就是互相握手，也有人高兴地跳起来，好多人都在擦眼泪，很激动。后来还开了庆功会，我没参加，因为食物有限，不可能都去，听说有西瓜、蛋糕这些高级的东西。

蒋：
参加那次发射任务，应该有不少难忘的故事。

余：
当时酒泉导弹试验靶场刚建成，招待所没有被褥，我们要从北京自带棉被过去。我们每人背一个大背包，从北京乘专列去酒泉。招待所还没厕所，在外面修了一个露天的，没有下水道。天很冷，大小便冻住了，后来堆得比地面还高，我们上厕所还要爬高地。

当时正处于三年自然灾害时期，发射基地刚开始伙食还比较好，一个月后，也没啥吃的了，天天吃土豆。后来我们离开酒泉时，食堂特意给我们每人两个烧饼带着路上吃。

我们当时是属于部队的，坐火车时穿着军装。车一停，就有老百姓跑上来问："解放军同志，可不可以给我们一点粮食？"那时候全国都缺衣少粮，很困难，老百姓普遍都吃不饱。我们带了两个烧饼，要乘一天一夜的火车才能到兰州，也没有多余的给他们。到了兰州，我们找不到军区招待所，就去一个小饭店买吃的。那饭店不开大门，只留了一个小窗口。你把粮票和钱都递进去，然后他给你递出来一点馒头什么的。排队的人密密麻麻，我们买了馒头，可吃完以后都拉肚子了，也不知道怎么回事。后来我们好不容易找到了军区招待所，才能吃到一些粮食。

所以咱们中国在那么困难的时期把导弹发射成功，确实是一件很不容易的事情。下决心要搞"两弹一星"，确实显示了中国人的力量和决心。

蒋：

起步时期特别艰难。

余：

1962年我们自己设计的某型导弹发射失败了，我们很多人感到中国在这方面还是不行，但中央没有这样想。周恩来总理指示，突破国防尖端技术，就像攀登珠穆朗玛峰一样，也得分阶段，逐步往上爬。聂荣臻元帅也提出，既是试验，就有失败可能，要认真总结经验教训，不许追查任何个人责任。在中央的支持下，通过两年的努力，1964年，中国人自己设计的某型导弹第一次发射成功。这个过程真的让我们感到我们的工作是和国家的命运紧密结合在一起的，中央领导同志的那种强烈的强国思想在鞭策我们。从二万五千里长征到"两弹一星"，性质是一样的，刚开始都没有把握，最后还是成功了。

然后到1966年搞"两弹结合"（编者注：导弹与核弹头结合），世界上哪个国家都不敢做，因为如果一起飞出了问题，影响太大了。但是在这个过程当中，中央一直鼓励我们，说先期发射了很多枚导弹，证明我们的导弹是可靠的。1966年10月，我们发射成功了，这是世界上唯一的一次吧，美国人不敢这么干，苏联人也不敢这么干。这是中央的支持和我们一代航天人的拼搏结合起来实现的。

蒋：

当时你们有多拼？

余：

我记得有过统计，那个时候我们研究室——管长征火箭的一部 11 室，总共有七十几个人，有十几个同志在退休前就去世了。在科研第一线日夜辛劳影响了健康，我们那时候都是日夜工作。

蒋：

只争朝夕。

余：

我们有个同志因为肾衰竭去世了。在他病危的时候，我们去看他，他说"我很后悔，那时候工作忙，没有时间去看病"。他感觉自己再也没有机会返回工作岗位了，所以很后悔。这样的同志在我们单位很多，为了工作牺牲了自己。他这句话也代表了我们整个队伍当时的现状，就是有什么事都尽量不影响工作。我们航天人为了完成航天任务都很少考虑个人，大家夜以继日地工作，所以才能用短短 8 年时间搞出 4 种导弹来。

我们研究室还有一个同志，他有肝炎。搞发动机的时候，我们要经常去陕西三线出差。有一次，他要去基地待两个月，临走时带了两口袋方便面。后来我问他是不是给三线的同志带的。他说："不是，是我自己吃的。我吃完东西胃里老不舒服，没法吃米饭。"他在那儿待了两个月，方便面就吃了一个月。他的病比较重，他完全可以跟领导说自己身体不好，换个同志去，但他还是选择了坚持。一年多后，他就去世了。

现在大家生活好了，不像那时候生活那么艰苦，都是吃窝窝头什么的，没有营养，方方面面都不行。中国航天事业的成功与一代代航天人的无私付出分不开。

需要我们不断钻研，发挥大家的积极性，更好地推动技术进步

蒋：
发射的时候，你们弹道设计组的成员在现场要做些什么？

余：
早期的时候，我们都抱个手摇的计算机去发射现场，要计算发射参数诸元。比如瞄准的方向、瞄准的速度、飞行的弹道，都要计算。发射之前、发射过程中，还要不断计算，根据气象以及大气密度、风速的不同来确定弹道。风大了，弹道要高一点；风小了，弹道要低一点。

发射现场实行双岗制，就是我们科研部门要出一个人，发射场也要出一个人，两个人相互校对。发射时，我们是待在十来米深的地下指挥室里，当时发射导弹还是一个有生命危险的事情，在酒泉卫星发射中心有个烈士陵园。

蒋：
您也遇到过危险的时刻吗？

余：
过去，一旦我们觉得起飞正常的话，就从地下指挥室出来，看看火箭弹道的情况。在1966年"两弹结合"的"冷试"中，第一枚导弹发射成功了，第二枚导弹起飞正常，我们就往地下指挥室门口跑，还没到门口，就被往回跑的人群挤了回来。原来第二枚导弹飞了十几秒后出了问题，熄火了，垂直地掉了下来，落在发射场坪上。地下指挥室就在下方，巨大的震动使天花板上的尘土都簌簌地往下落，指挥室里灰尘弥漫。后来，在钱学森的带领下，技术人员分析了故

障，解决了问题，"两弹结合"试验成功。

1974 年发射"长征二号"运载火箭，有一发火箭掉了下来，在空中爆炸，我在 1 公里外。

1996 年发射"长征三号乙"运载火箭，我们弹道组去了 4 个人，回来时只有 3 个人，有 1 个人在那里牺牲了。火箭起飞后就失控了，掉在了他待的地方，有 3 个人受伤，1 个人牺牲。

苏联有一次发射出事，上千人都死在了发射场，因为火箭是在发射台上爆炸的。所以航天不出事故没有事，一出事就是大事。

蒋：

发射失败可能有各种原因，您印象特别深的是哪一次？

余：

对我们教训最大的就是 2017 年"长征五号"运载火箭第二次发射失败，那是不应该失败的失败。当时在飞行过程中，火箭的一台发动机坏了，如果我们有能力在飞行过程中对整个火箭的飞行弹道进行重构，放一台发动机当作"备胎"，就可以让火箭在一台发动机坏了的情况下继续飞行，正常完成任务，但是当时我们的火箭上没有这个功能。

通过这几年的努力，我们基本上能够解决这个问题了。如果再出现这类问题，我们就有能力通过系统重构来避免故障造成的后果。所以需要我们不断钻研，发挥大家的积极性，更好地推动技术进步。

蒋：

有一段时间，社会上流传这么一句话：搞导弹的不如卖茶叶蛋的。那是怎么回事？

余：

改革开放以后，中央认为我国航天事业的发展可以稍微缓一缓，后来出现了一个航天事业发展的低潮，任务少了。我觉得当时中央的决定也是合理的，因为"四人帮"的破坏，中央面对国民经济的一堆烂摊子，急于把经济发展起来。

从20世纪80年代后期，一直到90年代，很长一段时间，我们航天部的工资都很低，没有人愿意来。我记得1984年，我们一部第一批招了10个研究生，到毕业的时候走了8个，有2个没走，坚持了下来。后来这两个人都当了总师，其中一个当了院士。

蒋：
在没有拨款、没有航天任务的情况下，你们做什么？

余：
我们研究室分配给我们的任务是搞电子琴，我们也做出来了，但是竞争不过人家，因为他们是专业的，我们搞火箭的去搞电子琴还是不行。

这段时间也是对航天人的一个考验。后来我们找到另一个途径，就是用中国火箭给美国发射卫星。当时美国为什么要用中国火箭？因为它用航天飞机发射失利了，而且用航天飞机发射的价格远比用我们的火箭发射高。当时美国一般火箭每公斤的发射价格是3万美元，用航天飞机要9万美元，而用我们中国火箭每公斤的发射价格是1万美元左右，但是美国对我们这么做也感到害怕了，所以美国国会后来通过一个协议，禁止用中国的火箭发射美国卫星。

在那段时间，我们经历了很多技术方面的较量，说明我们在技术上能够跟美国人平起平坐了。所以中国航天在中央积极支持的情况下能够发展，在中央经济发展路线发生变化的时候，航天人靠自己的力量也可以干起来，很说明问题。

蒋：
后来到哪一年有转机的？

余：
到了1999年，以美国为首的北约部队轰炸了中国驻南斯拉夫大使馆。此时，中央感到中国的航天事业不能放松，还要搞，所以1999年是一个转折点，航天事业的发展又恢复到了原来的状态。

现在国家对航天事业的投入很大，每研制一种火箭都要投入巨资。特别是最近一段时间的探月、探火（星）任务的成功执行，表明我们在基础技术上的进步还是比较快的。尤其是还引进了一些优秀人才，比如我带的一个博士生，是清华大学的硕士，来这儿读博，把他吸收进来后，发挥的作用特别大。

我们班组最令人感动的就是这是一个团结的班组，有着相互尊重的风气

蒋：

人们说您是"平民院士"，当过的最大的官就是班组长，而以您的名字命名的"余梦伦班组"是一个特别优秀的班组。

余：

我们班组里出了2名院士、3个总师。我是第五任班组长。

蒋：

您觉得"余梦伦班组"最大的特点是什么？

余：

我们班组最令人感动的就是这是一个团结的班组，有着相互尊重的风气。像1960年发射第一枚"1059"导弹时，我们两个班组长就是让我和刘宝镛去的，他

们自己都没去。有这么个机会,他们说"让你们这些后来的人去接受这个光荣的任务吧"!

所以我们班组在工作任务分配上,都是谦让的,不是说有人看到这个工作好,就争着要去,没有为了一些个人利益产生的矛盾。

蒋: 您当班组长期间,有没有推行过比较特别的班组管理、班组建设方面的措施?

余:

有了计算机以后,我们的工作就都在计算机上进行,这就涉及软件问题。其实大家都在开发软件,所以当时我提出,大家搞开发不要封闭在自己个人那儿,要共享,所以我的软件也让大家用,因为组里每个人的业务能力不同,编程能力有的人强一点、有的人弱一点,共享软件可以让弱一点的人更快地提高工作效率。当时我们班组里两个能力弱一点的同志就一直用我的软件,这样他们可以很顺利地开展工作。班组也形成了一个很和谐的气氛,彼此不分你我。

另外还遇到一件事情,我们班组里有一年来了一个工农兵大学生,他的文化程度其实是小学,所以他的基础很差,连三角函数都不清楚。但我们没有冷落他,而是考虑到他的情况,特意为他安排一些适合他的工作。比如,有些技术上的工作由别人来做,做完以后,他做一些服务性的工作。像发射时,他就做操作手,因为这不需要做太多的分析工作,是他能够胜任的。这样,他对工作也比较满意,没有感到他在班组里低人一等。后来正好有一次机会,公司机关需要人,因为他的社交能力比较强,我们就把他推荐到机关去了,后来他干得很好,现在开会,他还经常坐在主席台上。所以说,人才要放到合适的位置上。

既然大家来到我们班组了,就尽量让大家发挥作用,余：
然后让整个班组在和谐的氛围里工作。如果有更好的机会，再给大家创造条件去争取。

蒋：
所以，虽然说班组是一个小团队，但真正把这个团队带好，无论对个人，还是对企业的发展，都是非常重要的。

余：
我们科研单位的班组还有一个特点，就是一个班组代表一个专业，你班组的工作往往是其他班组代替不了的，专业性很强。航天单位就是多专业集成的一个系统，有70多个二级学科。每个班组不仅要完成自己的工作任务，还有一个很重要的任务就是要在自身的专业上面不断发展、不断创新，能够跟得上时代的发展，同时还要与国际接轨。

相比之下，学校是从学科发展的角度来考虑如何发展和创新的，但我们在工程单位，就不断有任务推动着我们不断发现问题，再来提高解决问题的能力。所以班组的作用很重要，哪个班组出现问题，都有可能影响最终成败，可以说是短板决定高度。

蒋：
班组应该营造怎样的环境来适应这种特点？

余：
一方面要提供相对独立的环境，让班组成员能够心无旁骛地搞研究，不断提升技术水平；另一方面又要让大家融在一起，为了完成某一项任务精诚合作。比如，我们班组每个人都要独立设计一条弹道，但是有个前提——软件共享。在共享的基础上，大家都可以搞，然后优选，再在这个基础上进一步提高。

蒋：
您觉得现在班组里的年轻人跟你们那个时候有什么不同？

余：
最大的不同是他们都是科班出身，在大学里接受了航天专业的教育。我们那个时候都是现干现学。

蒋：

像您这样的老一代航天人，是服从祖国的分配投身航天事业的。而现在的年轻人面临更多选择，他们在投身航天事业之前已经对此有所了解，可能更多的是因为喜欢所以选择了这一行。

余：

是的。在航天业比较困难的时候，我招过一个研究生，原本有个企业给出高薪想要他去，他说他不想去，想搞航天（事业）。我也很感动，说明还是有人对航天真正感兴趣。

一门心思做好自己的工作

蒋：

您1999年当了院士以后，工作上发生了哪些变化？

余：

在班组有个好处，就是可以一门心思地设计弹道。但当了院士以后，很多地方都会叫我去，今天干这个，明天干那个，后天又有另一件事需要我考虑，我不能像以前那样专注于一个目标了。我是1999年开始当院士的，干了一辈子航天事业，最喜欢的还是在班组一门心思设计弹道。我还是很留恋原来的班组，所以我这个人不太适合当干部。这也是我的矛盾之处。

除了我，我们单位的其他院士一般都是总设计师，是全面掌握工作的，不是专注在某一个专业上面。我原来研究的是一个局部的、很小的领域，当了院士后，有很多大方案需要我去发表意见，这对于我来说很困难。

蒋：
在很多人心目中，当选院士是一个非常高的荣誉和肯定。您还是全国劳模、"国家科学技术进步奖"一等奖获得者，您对这些荣誉怎么看？

余：
也没有什么，都差不多。能获得这些荣誉和奖励，也不仅仅是因为我个人，是因为整个团队。有了这个团队，我们才能够克服重重困难，完成国家交给我们的任务。荣誉对我们是一种鞭策，我们要珍惜这些荣誉，发扬荣誉背后的精神。

我们科学家的心理是，努力作贡献不一定是要得什么奖。往大了说是为了祖国的振兴；往小了说，能在科学工作中取得一些成就是人生最大的乐趣。

蒋：
您的成功经验是？

余：
一门心思做好自己的工作。"文化大革命"的时候，我没怎么参加，还是在搞工作。特别是研发"东风五号"的时候，没人管了，所以那个方案我做得比较多。所以往往是时势造英雄，环境决定人的发展，这也很有关系。后来我为什么当上院士，是因为有一个老总一定要推荐我。他说："别人都是来找我提这事，你是我来找你要推荐你当院士。"

我跟我弟弟说，我们努力得还不够，不如父亲

蒋：
天天做计算会不会有

余：
不会，我太有兴趣了，特别是对软件。有的时候不是

蒋：

点枯燥？

余：

一次能成功的，当找到里面的问题的时候，我特别高兴，所以我越搞越有兴趣，水平也不断提高。但是我现在搞软件比不上年轻人了，因为软件本身的发展也很快。

蒋：

一辈子就干一件事，还能不断找到乐趣，很难得，很幸福。

余：

我老打比方，小孩看蚂蚁搬家，可以连吃饭都忘记，就是因为他有兴趣，兴趣是最大的驱动力。

比如说我父亲，他在药房工作，回到家里，他也继续看医药方面的书，而且都是英文的，所以我很佩服他。你说他是不是对专业很懂，也不是，他就是喜爱这份工作，干了一辈子。

我跟我弟弟说，我们努力得还不够，不如父亲。真的要干到我父亲这样，确实是很不容易的，他只读过两年私塾，后来坚持自学英文、拉丁文、化学和中医药知识，在他的起点上，能做到这样让人特别钦佩。

蒋：

父亲是儿子最好的榜样。在后来工作中，您还遇到过特别钦佩的人吗？

余：

20世纪60年代，我们组里有位叫方俊奎的老专家，1937年毕业于清华大学，有点像我父亲，就是闷头干他的，一辈子干一个最具体的工作。他原来是搞火炮弹道的，后来他主动提出要去酒泉发射场工作。问他去的理由，他说他发现发射场搞弹道的同志太少了，他想去把他们的弹道工作带起来。他决心放弃北京的优越生活条件，到戈壁沙漠去，而且他带了全家人去。他爱人是一位家庭妇女，女儿还在上学。去酒泉地区有补贴，可他看到有的同志孩子多、生活困难，第二天就提出不领补贴。后来会计说"你这个钱不领我没法处理"，他说"补贴给那些生活困难的人"。他很多年都没去领这笔钱。

后来"文化大革命"时期,他还受到了冲击。组织上不让他搞技术工作了,可能是因为他的家庭出身有什么问题,后来叫他去养猪了。他在养猪的空隙搞了个英语补习班,去教基地的科技人员外语,你看他就是这么一个人。

蒋:
真让人钦佩。从1960年到现在,您已经在这个楼里工作了近一个甲子,亲身经历了很多难忘的历史时刻,见证了岁月变迁带来的或大或小的改变。

余:
我刚开始工作的时候是用手摇计算机,摇一次完成一次加法,摇好多次完成一次乘法,摇了两个月,我的右臂粗了一圈。后来有了专门的计算员,随时检查计算的正确性。计算一次射程500千米的弹道,就需要6个计算员花2个月的时间,而现在用电子计算机只需要几毫秒。

蒋:
从事中国航天事业近60年,您最深的感触是什么?

余:
我最自豪也是最骄傲的事,就是从打造"争气弹"到研制新一代运载火箭,我都亲身参与、见证了。

蒋:
所以您是特别幸运的人,跨越了不同时代,亲历了我国航天事业从无到有、从弱到强的过程。您是参与者,也是见证者。

余:
是的。

蒋:
我还好奇一个问题,

余:
我还是想造船,直到现在我对造船业的发展也一直很

如果能重回年轻时候,如果您没有色弱,没有其他任何条件限制的话,您最想做的是什么工作?	关注,这是我从小的兴趣。我还会经常买一些船舶方面的书,最近还买了两本——《军舰的发展历史》上、下册。

印象

简单的幸福

蒋菡

在年过八十的余梦伦院士身上，有一种孩子般的单纯。

干了一辈子航天事业，笼罩着院士光环的他却平平淡淡地说：最喜欢的还是在班组一门心思设计弹道。

谈及"假如人生可以重来"，依然怀揣着儿时梦想的他不假思索地回答：还是想造船。

这样一位满头银发的"老男孩"，可敬，亦可爱。

对于一辈子做弹道设计这一件事，他不觉得枯燥，仍每天上班，还在做计算、编程序的工作。每每有年轻人来找他向他请教某个具体问题，他一定会先亲手算一遍，才会跟对方谈。

他满头银发，却不见暮气，直到今天还在追踪着专业领域的最新进展。对于国外同行的新近研究成果，他有时了解得比年轻人还多，还会"考"他们：某方面研究你们有没有做，有没有新的见解？

60载艰辛跋涉，余梦伦在弹道设计领域做了很多"破冰船"的工作。亲历我国航天事业的起起伏伏、由弱变强，他淡定自若——"一门心思做好自己的工作"是他的信条。

采访结束后，我们在航天一院门口告别。我目送他穿过十字路口回家，这是一条他再熟悉不过的"轨道"，从办公室到家，从家到办公室。一生一条轨道，何尝不是一种简单的幸福？

他的背影和街头经过的那些普普通通的老人并没有

什么不同,而他所亲历的那些波澜壮阔,藏在了历史深处。他埋头计算了一甲子的一串串数不清的数字,则铭刻在一段段豪情满怀的飞天旅程中。

包起帆

对荣誉清零
才能不断前行

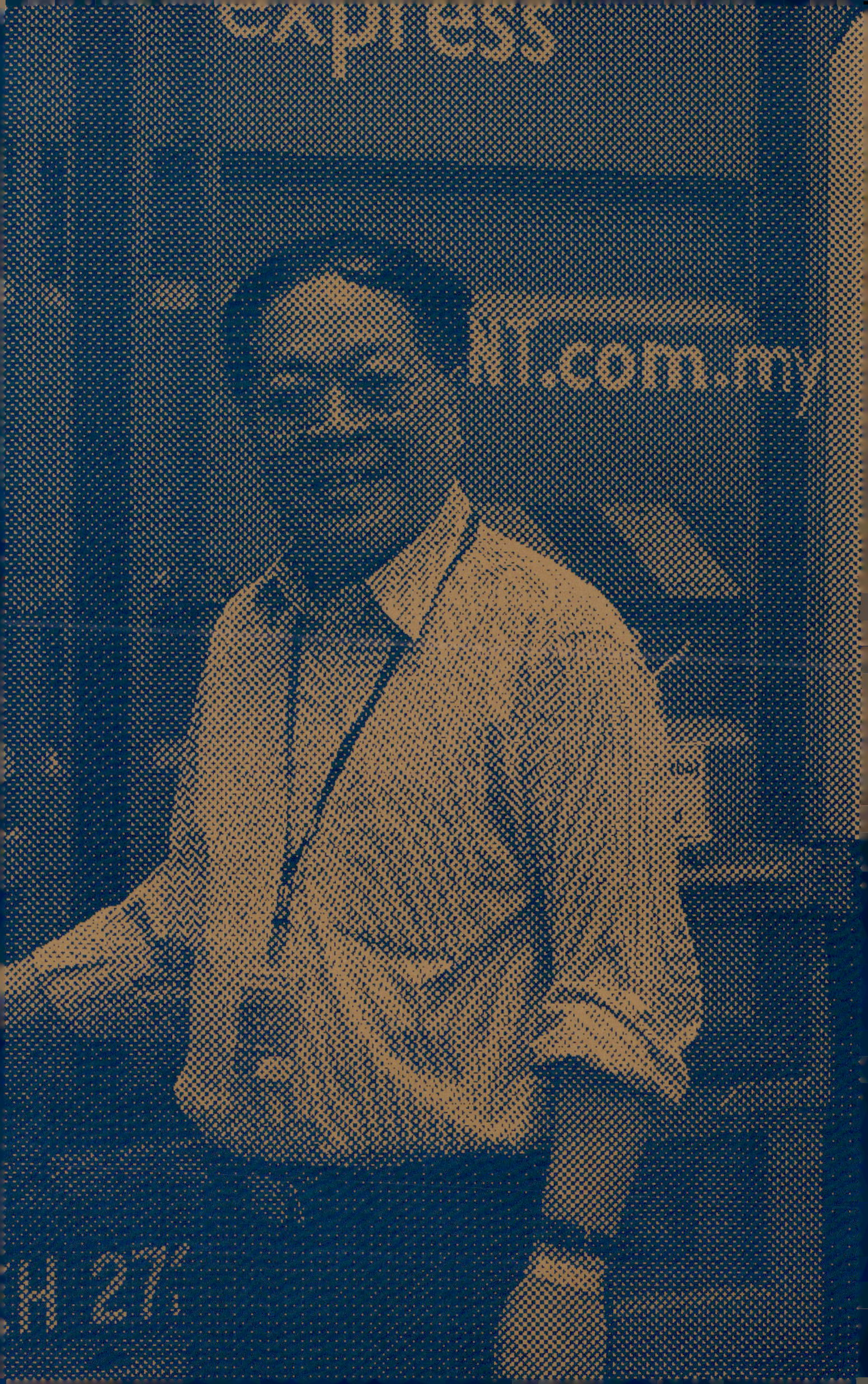

对荣誉清零,才能不断前行。 —— 包起帆

包起帆

工学硕士,曾任上海港务局副局长、上港集团副总裁,上海市人民政府参事,现任华东师范大学国际航运物流研究院院长、教授,上海工匠学院院长。从码头工人成长为教授级高级工程师,研发了新型抓斗及其工艺系统,推进港口装卸机械化;参与开辟了我国首条内贸标准集装箱航线,建设了我国首座全自动集装箱无人堆场,积极推进我国首套散货自动化装卸系统的研发,领衔制定了集装箱电子标签系统国际标准。40多年来,与同事共同完成了130多项技术创新项目,其中3项获得"国家发明奖",3项获得"国家科学技术进步奖",36项获得巴黎、日内瓦、匹兹堡、布鲁塞尔、纽伦堡等国际发明展览会金奖。连续5次获评"全国劳动模范",2次获得全国"五一劳动奖章",是党的十四大、十五大、十六大、十七大代表,九届全国政协委员。

1951年2月
出生于上海市

1968年
进入上海港白莲泾码头,做了6年码头装卸工。后因脚受工伤,改行做修理工

1977年
在上海市第二工业大学半工半读,1981年拿到大专文凭,回到南浦港务公司当工程师

1980年始
研发新型抓斗及其工艺系统,被誉为"抓斗大王"

1996年
任上海龙吴港务公司经理,参与开辟了中国水运史上首条内贸标准集装箱航线

2003年始
提出创意并建成了中国首座全自动集装箱无人堆场,在世界上首次创建了散货自动化装卸系统,成为港口装卸自动化的创新者

2005年6月
获得武汉理工大学物流管理专业本科学历

2006年
在巴黎国际发明展览会上一举获得4枚金奖,成为105年来在该展览会上获金奖最多的人

2007年至2009年
获得武汉理工大学在职工学硕士研究生学历

2009年
获评"100位新中国成立以来感动中国人物";提出并在世界上首次实现了公共码头与大型钢铁企业间无缝隙物流配送新模式,因此获得世界工程组织联合会设立的"阿西布·萨巴格优秀工程建设奖",这是我国工程界首次获此殊荣

2011年
领衔发明的集装箱电子标签系统上升为国际标准ISO18186,实现了我国在物流、物联网领域领衔制定国际标准零的突破

2018年
被中共中央、国务院授予"改革先锋"称号

2019年
在新中国成立70周年之际,获得"最美奋斗者"称号

2021年2月
担任上海工匠学院首任院长

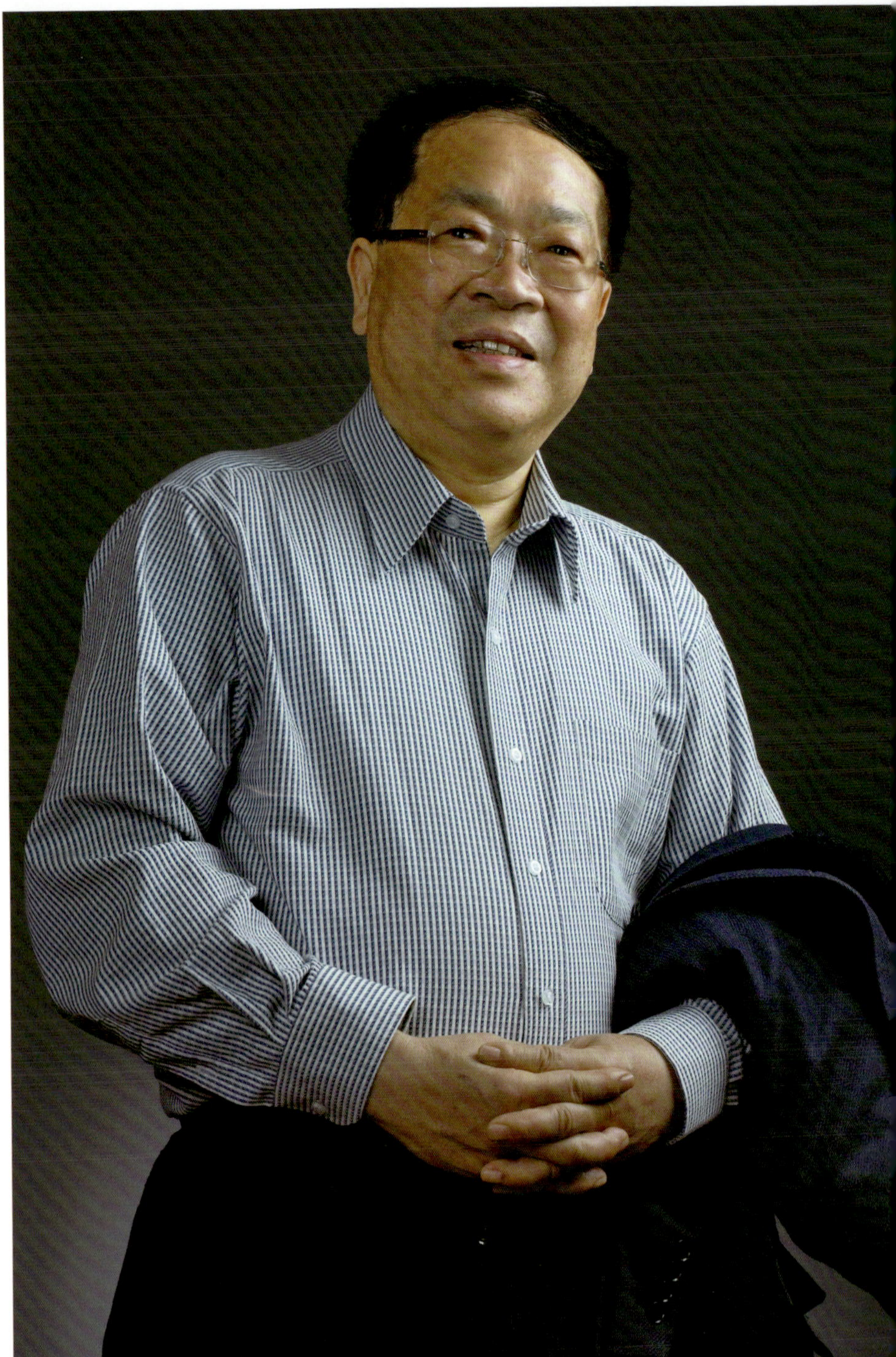

感兴趣的问题

1. 为什么 70 岁还能有这么充沛的精力？
2. 当码头装卸工的经历对后来的职业生涯有怎样的影响？
3. 创新的原动力来自何处？
4. 如何才能让创新力不枯竭？
5. 如何看待这么多年来获得的众多荣誉？

受访者
包起帆

采访者
蒋菡

采访时间
2021 年 6 月 9 日

> 不管后来具体岗位怎么变化，我的底色都没有改变。我的做派、我的很多想法、我大大咧咧的样子，都还是工人的样子

蒋：

一提起您，很多人会想起"抓斗大王"的称号，也有人评价您是"创新先锋"，但我印象特别深的是您说过的一句话——"我就是一个有出息的工

包：

是啊。我一直说，我是改革开放年代里在党的哺育下成长起来的中国工人的一个缩影。我先后历经了工人、技革员、车间副主任、工艺科长、技术副经理、经理、副局长、副总裁、政府参事等众多岗位，不管后来具体岗位怎么变化，我的底色没有改变。我的做派、我的很多想法、我大大咧咧的样子，都还是工人

人"。这算是您的"自我定位"吗？

的样子。人家说我不像个干部，我说确实是不像。我一直认为，我自己跟看门的、做饭的、扫地的，没有任何区别。我是从工人成长起来的一个劳模、一个典型，但最本质的，我还是一个工人。

蒋：
您 17 岁在码头当装卸工的时候，是个怎样的工人？

包：
比较认真，比较努力。我总是尽力把工作做到更好，但我不是做得最好的。包括后来做很多事情，如果用平实的眼光来看待自己，就会知道，自己只不过是在平凡的岗位上做了一点工作，不能因为自己被评为"上海工匠"或是全国劳模，就认为自己特别能干。我一直觉得自己就是一个平凡的人，比我聪明、能干的人多了去了。我只是遇上了国家改革开放的好时机、上海港发展的好时机，所以才能够走到今天。

蒋：
对一个年轻人来说，无论起点在哪儿，首先自己要认真，要努力。

包：
只有热爱目前的岗位，才可能有更好的岗位来找你。有些年轻人这山望着那山高，是不会成功的。把自己本职工作做好了，同事、领导才会逐步认识你、发现你，你才会有更大的发展空间。我就是这么一步一个台阶成长起来的。

我一直讲，我特别感谢工会，因为是工会首先发现了我。在我的各个成长阶段，包括在我很困难的时候，工会给了我很大的鼓励。1981 年，在我还是一个工人的时候，上海市总工会推举我成为"上海市劳动模范"，那年我 30 岁，是个机修工。

蒋：
认真和努力会被看到、

包：
改革开放造就了我。当然我有了荣誉，有了收获，但被认可。就这么一步一个台阶地，您攀上了一座很高的山峰。

蒋：
您的辛酸是什么？

也有辛酸。那些当初和我一起干活儿的同事，他们也有他们的收获和辛酸。人跟人不能比。

包：
我走过的路不是一帆风顺的，许多创新一开始不被人理解，冷言冷语在所难免，所以有一句话是"你的荣耀有多大，你的酸苦就有多少"。把不顺当的事情、辛酸的事情埋在自己心里，去多想想自己还能够为国家、为企业做些什么，这要比你还沉浸在过去无法解脱有价值得多。有本事你可以再搞创新，用新的业绩来证明自己，而不要在老的地方继续纠缠着。

蒋：
对于荣誉您也是这样的态度？

包：
是的，只有在自己内心对取得的荣誉清零，才能不断前行。我现在70岁了，还在华东师范大学跟年轻人一起创新，去年又拿了教育部科学技术进步奖一等奖。

我吃过这个苦以后，才知道什么是真的苦，所以以后工作中再遇到苦，跟装卸工比起来都不算苦

蒋：
小时候您父母对您有怎样的要求？

包：
我们家大人对小孩的要求：第一要争气，不能落后于别人；第二要讲规矩，不规矩的事情千万不要去做。

蒋：

要力争上游，不甘人后。您小时候读书是不是也很认真？

包：

小时候因为认真，我学习成绩还蛮好的。我一直是大队委员，但上到初二，因为"文化大革命"，停课了。我的哥哥和妹妹去了农村，我进入上海港当装卸工。码头工作比在农村更辛苦，365天，24小时轮班，不间断工作。但我现在对这段码头装卸工的经历是无怨无悔的。我吃过这个苦以后，才知道什么是真的苦，所以以后工作中再遇到苦，跟装卸工比起来都不算苦。冬天下大雪，我们在船舱里搬生铁，我衣服外面结冰，里面出汗，等到工作一停下来，里面也跟结了冰一样。大热天，外面三四十摄氏度，船舱里面更闷热，气都透不过来，活儿一样要干。

所以当装卸工的那个苦都吃得了，后来其他的苦就不算什么苦了。

蒋：

您17岁时还是个半大孩子，干这么重的体力活儿有没有干不下去的时候？

包：

干不下去也得干。有一次我去挂钩时，手不小心被夹在钢丝里面，骨头都看到啦，十指连心。但船还是要来，活儿还是要有人干。等到工伤好了，我又去干了。但我心里在想，有没有可能让我们工人从这种危险的、繁重的劳动中解脱出来？这是我后来创新的一种动力。没有这种动力，我也就没有创新的决心。

大家都管木材装卸的工作叫作"木老虎"。从我1968年进港工作到1001年这短短几年里，码头上死于木材装卸的工人就有11个，轻伤、重伤的工人竟有546人次之多！就在1981年这一年内，我们码头又死了3个工人，他们3个人的年纪加起来不到80岁。工人死了，领导让我们去送葬。我不想去，因为我心很软，非常害怕这种场面，心想与其去掉几滴眼泪，还不如动动脑筋，想想怎么能让工人不再受到伤害。经过好几年的努力，我们终于通过创新，让木材抓斗取代了人力装卸。

蒋：

您创新的原动力就是从希望改善工人的劳动条件而来？

包：

我的初心就是用创新造福职工。后来逐步有了新的岗位，我就对自己提出了新的要求。组织上也培养了我，为我搭建了更好的平台，让我的初心得到了升华，逐步成就了我报效祖国、服务人民的理想。

蒋：

在创新路上，您从一开始的发明抓斗到后来融入各种新技术，始终在不断接受和学习新鲜事物，跟上时代发展的步伐，而很多人在五六十岁以后都不怎么愿意学习新东西了。

包：

其实这么多年我所做的创新都是问题导向、需求导向的，是紧密结合港口的发展而搞的。

我理解的学习是一种对新生事物非常敏锐的触觉，能敏锐地感觉到这个技术将来可能对我有用，我们叫融合，也就是学以致用，把最新的技术和目前的工作难题结合起来。自动化码头就是把自动化和码头的生产需求融合起来，集装箱电子标签就是把集装箱和电子标签融合起来。把两个看似无关的东西融合起来，使它产生新的价值。

蒋：

您最近在做哪方面的创新项目？

包：

长江口开辟了深水航道，每年挖出来6000万到1亿立方米的疏浚土。过去90%以上的疏浚土都被扔掉了。我看到了这个问题，就思考怎么把它们利用起来。上海的房子多贵啊，就是因为缺少土地，而深水航道挖出来的泥沙能否全部被利用起来进行生态成陆项目的开发？能否为上海寻找新的发展空间？我们正在做这方面的项目。实践证明是可行的，我们的研究

蒋：
创新的路越走越宽了。

包：
成果被政府采纳了，4 年来为上海的城市发展拓展了 56 平方千米的面积，快相当于两个澳门了。

这个项目还与未来上海的超深新港建设有关。所以人要特别珍爱自己的平台，平台是你成就个人梦想的机会。离开了平台，你什么都不是。没有上海港，哪有包起帆。个人纵有天大的本事，也离不开让你成长的平台。

只有难做的事、人家不愿做或者做不了的事让你做成了，才更有价值

蒋：
创新了这么多年，您有怎样的感悟？

包：
创新不问出身，人人皆可成功。我起点的学历是初中，出身是装卸工，父亲又去世得早，所以我成长到今天，当榜样不敢说，但可以给千千万万现在还在平凡岗位上工作的职工一个启迪：包起帆出身码头装卸工，一没学历，二没背景，他可以做到，你们也一定能行。

蒋：
万事开头难，如何选

包：
创新就在岗位，始于足下。创新一定要满足三个要

择创新项目？

素。一是要针对生产工作中亟须解决的问题创新，就是说哪里不安全、效率低，我就在哪里动脑筋。看不到问题才是最大的问题，因为那样就将创新之路堵住了。二是创新要解决大家盼望解决的问题，这样的创新项目就有了群众基础。三是创新成功后，要有看得见、摸得着的效果。如果创新成果完成后就被锁在抽屉里、堆在墙角下，这样的创新坚决不要去做。

只要有岗位，就能创新。只有热爱岗位，才会有出色的创新。

蒋：

有人觉得创新是技术员的事，不是工人的事，您觉得呢？

包：

做工人时，我发明了变截面起升卷筒；当工程师时，我创新了抓斗；当老总时，我开辟了内贸标准集装箱运输系统；当集团副总时，我推动了数字化、自动化港口的发展，让发明变成国际标准；当了市政府参事后，我在搞用深水航道挖出来的泥沙生态成陆的项目。我的人生就是在创新路上不断成长的。

创新无边界，我从来不分分内事还是分外事。我当修理工时，发现钢丝绳磨损很厉害，想改变这种现象。有人说这是技术员、工程师的事，不是一个工人的分内事，但它是我在工作中遇到的问题，我就不应该视而不见。

解决问题的方案也是无边界的。我搞的创新项目很多就是跨界融合的，比如集装箱电子标签，实现了物流跟踪。人要善于独立思考，不能被旧的东西束缚。

蒋：

在创新的过程中，您的视野也越来越开阔。

包：

视野有多开阔，路就能走多远。两只狼到了草原，一只狼只看到草，垂头丧气；另一只狼虽然没看到羊，但觉得有这么多草,前面肯定有羊,感到十分兴奋。前者只看到了眼前的世界,后者就有更开阔的视野。

蒋:
创新要想成功,最关键的因素是什么?

包:
锲而不舍是关键。创新没有一帆风顺的,只有锲而不舍才能成功。

我在发明单索木材抓斗时,需要设计一种在任意点上都可以打开和闭合的启闭结构。为了解决这个难题,我一直在动脑筋,走路在想,吃饭在想,晚上睡觉也在想。一天,我去北京开会。会务组给每个人发一支圆珠笔、一本笔记本,供做记录用。我把圆珠笔一按,笔芯就出来了,再按,笔芯又缩回去了。我突然想,这个笔芯伸缩的原理能不能移植到抓斗的启闭结构中去呢?于是,我马上把圆珠笔拆开看。里面的东西并不多,一个揿轮、一个转轮、一个弹簧,还有一个笔芯。虽然我是学机械的,不了解圆珠笔的制造原理,但我总觉得少了一个零件,不构成运动副,想来想去,琢磨不出道理。我让同事研究研究,大家也讲不出个所以然。我就到丰华圆珠笔厂去请教。第一次去,我到了大门口就被拦住了。门卫说:"你要买圆珠笔,门口门市部很多,你要问技术,我们无可奉告。"回家路上,我想,也许是我没开介绍信的缘故吧。过了几天,我专门开了封介绍信,第二次来到工厂,找到技术部,但他们讲:厂长有规定,没有他的批准,任何外人不得接触图纸。我又碰了壁。

在困难面前,我想也想了,找也找了,问也问了。一条路是罢休,另一条路是锲而不舍。但创新的路,就是一条锲而不舍走到底的路。我第三次来到丰华圆珠笔厂,找到厂长。我跟厂长说,我是搞抓斗的,我这个抓斗搞好后有5000多公斤重,你这个圆珠笔只有几钱重,根本是两回事,而且我的革新项目是为工人的安全搞的。这个厂长人蛮好,他就把技术科长找来,让他把图纸给我看。技术科长自言自语:"像这样的人,我还从来没有碰到过,真是个碰了钉子都不转弯的人。"他把图纸一打开,我只瞄了一眼,就全弄懂了,原来笔套里还有几根键。一按圆珠笔揿轮,转轮转过90度,顶在键上,笔芯就出来了;再按揿轮,转轮转过90度,转轮在弹簧的作用下沿着槽缩回去,笔芯就缩回去了。

发明创造就是这样,捅破了之后一点都不值钱,难就难在谁先想到、谁先弄懂。我很快就把圆珠笔的揿轮结构移植到抓斗的启闭结构中去了,一种在任意点上都可以打开和闭合的单索木材抓斗终于搞成了。这种抓斗使得码头木材装卸全部实现了机械化,后来这个项目也获得了"国家发明奖",还在美国匹兹堡获得国际发明展览会金奖!

蒋:
您身上有股非同一般的韧劲儿,就像那个科长说的:真是个碰了钉子都不转弯的人。

包:
这是因为他们对我的某些做法不理解。不理解也很正常,因为常规的人不是这么做事的。因为不常规,所以才能够成功。要把事情做起来,没有其他路可走,只有这一条路。

蒋:
您是一个不怕吃苦、不怕麻烦、不怕困难的人。

包:
只有难的事情做成了才有价值,这是我深有体会的。顺顺当当的事情,人人都觉得很好做的事情,你不要再去碰,没什么意思。只有难做的事、人家不愿做或者做不了的事让你做成了,才更有价值。

蒋：

您当年接下龙吴港务公司这个"烫手山芋"就是个特别好的例证。

包：

1996年，组织调我到龙吴港务公司当经理，当时很多人持怀疑态度。说实话，从搞技术改行搞经营，我自己心里也没底。龙吴港务公司是一个经营比较困难的单位。它的码头在黄浦江上游，很多船公司担心成本太高，不愿将船靠泊在那里。这个"烫手山芋"，你接还是不接？你是劳模，你是党员，组织上把这个任务交给你，把投资4亿多元的码头交给你，把2200多个职工交给你，你怎么能双手一摊，说"我不行"呢？所以我们党员到底是为自己好，还是为大家好？如果是为大家好，这个担子你就要去挑；如果只为自己好，你就会打退堂鼓，因为做了以后可能会很辛苦或者失败。我还是挑起了这个重担。

创新是唯一的出路。20世纪90年代中期，中国运输和装卸的集装箱全部都是外贸箱，我就想能不能在内贸标准集装箱运输上动动脑筋。我连续4次去北京寻求交通部和相关单位的支持，8次去南方寻求与船公司、货主和码头的合作。经过不懈的努力，克服了重重困难，我们终于在1996年12月15日开辟了中国水运史上第一条内贸标准集装箱航线。内贸标准集装箱的推广不仅搞活了龙吴码头，还带动了内贸水运产业的大发展。2019年，我国的内贸集装箱达到了1.07亿标准箱。一箱如果赚100元，那就是107亿元。

蒋：

这么好的事，为什么别人没有先来干？

包：

因为觉得难。交通部以前搞过5吨的小集装箱，做了一段时间就散伙了。所以当我要做这个的时候，别人说"你搞不起来的"。但我想，不开展产业创新，我们企业就没有活路，只有把它做成功了，2200多个职工才有饭吃，我们只能在没路的时候走出一条新路来。这实际上是一种责任感。说到头来，还是一种初心吧。

我1984年入的党，当时我的师傅徐友法跟我说："小包啊，你要想明白，你入党到底是为自己好还是为大家好？如果仅仅是为自己好，我劝你还是不入党为好，因为仅仅是为自己好，不像一个党员。要让大家心目中觉得你是一个党员，你就要让大家觉得你是在为大家好，只有事事、处处为大家好，你才是一个好党员。"我当初受这个影响还是挺深的。

蒋： 这可能也是您一直对创新抱有这么大热情的原因。

包： 创新要以核心价值观引领才能走远，而以金钱为目的的创新不可持续。

其实大家从我的经历就可以理解，我搞创新的初心都是为了解决生产难题，提高工人作业时的安全度和效率。我很少想到自己要有多少好处，我的付出、艰辛绝对不是为了钱，恰恰是我和职工、和上海港的感情成就了我，是报效祖国、服务人民的理念坚定了我。

分享成果，才能凝聚团队；凝聚团队，才会有源源不断的成果

蒋： 要想创新成功，您还

包： 我总结了成功的五个要素。第一个是锲而不舍。第二

有什么秘诀?

个是率先垂范,不能只动嘴不动手。我在发明木材抓斗的时候,最多五天五夜没回家,坚持在码头上做试验,累的时候就到船上的餐厅里躺一会儿。第三个是不畏艰难。要创新的肯定是难的事情,容易的早就让人干完了。第四个就是分享成果。只有分享,才会有更多人加入你的团队中来支持你、帮助你,才会有更多创新。1981年我就给自己立了个原则,创新获得的奖金大部分分给同事,个人的部分全部送给企业伤残职工和困难人员。这件事我已经坚持了40年。第五个是共同成长。

蒋:

有些团队在创新阶段齐心协力,但到了分享成果的时候,会产生种种矛盾,这方面的关系您是如何处理的?

包:

社会上流传:科技成果好搞,奖金难分。这样的现象从来没有在我们团队发生过,也从来没有人在我面前争奖金高低,大家都希望加入我的团队。

前几年,我又带着一项创新成果到北京参加"国家科学技术进步奖"的答辩。奖励办的同志一见到我就说:"老包,你怎么又来了?"其实他们很难理解一个人已经得了3个"国家发明奖"、2个"国家科学技术进步奖",怎么还会源源不断地有成果。而我的答案是:分享成果,才能凝聚团队;凝聚团队,才会有源源不断的成果。

有一年,我到甘肃酒泉去,才知道为什么这个地方叫酒泉。原来,在汉朝时,这个地方叫肃州。霍去病大将军在那里打了个大胜仗。汉武帝为了犒劳他,送了一坛美酒给他。但他没有独享,而是把酒倒进了当地的泉水中,要让所有的将士都能喝上美酒,分享胜利的果实。他的这一举动给肃州留下了"酒泉"的美名。我想,连我们的先人都有此举,如今自己作为一个党员科技工作者，更应该做得好一些，更要淡泊名利。

蒋：
共同成长应该也是凝聚团队的一个重要因素。

包：
团队的技能培训对创新十分重要，所以要不断为职工创造提高技能的机会。几年前，在世界起重机行业数一数二的电气控制供应商——日本安川公司的总裁羽鸟先生来拜访我，邀请我去日本考察访问。我就对他说，能否把对我的访日邀请改为对我们生产一线工人的赴日培训呢？因为我们的职工把起重机电气控制维修视为最难的活儿，不敢动手。我觉得，只有让职工真正掌握了新技术，才能促进生产的发展。羽鸟先生见我情真意切，同意了我的请求。之后我们集团每年派 20 多名一线职工赴日培训，后来增加到 30 名。

蒋：
您对工人真好。

包：
工人对我也好啊！我在龙吴港务公司担任经理时，一年冬天，从厄瓜多尔进口香蕉的许多船在码头卸货。由于市场不景气，香蕉都堆存在仓库里，而香蕉在 5 摄氏度以下就会发黑。因为没有恒温库，寒潮来了，新加坡水果商十分焦急地来找我，对我说，能否用些棉被把香蕉包起来保温。可单位里效益很差，哪里有钱去买棉被呢？

我让工会动员一下，请职工把家里的旧棉被捐出来，也许能救急。那时公司共有 1200 个职工。我心想党员干部带带头，能捐二三百条棉被就不错了。但我没想到，第二天上班的班车爆满了，职工们捐来了 1156 条棉被。正是因为这种职工与企业心连心的向心力和凝聚力感动了老外，外商决定投资 150 万美元在我们这里建设恒温库，把他们的进口水果全部放在我们码头装卸，从而形成了上海港第一个冷链物流配送中心。

最终判断我们的价值的，还是看你为国家、为人民做了些什么

蒋：
您基本上每天都这么忙吗？

包：
基本每天都有事。除了讲课，还要做课题嘛，创新是没止境的。我现在就在等，我们参与制定的一项国际标准的投票结果今天要出来，我在等消息。

蒋：
您又参与了一项新的国际标准的制定？

包：
上次搞的是标签，这次搞的是封条。

蒋：
第一次参与国际标准制定的过程肯定特别难忘。

包：
是的。尽管中国集装箱生产量、运输量、吞吐量都是世界第一，但中国在该领域国际标准制定中鲜有声音，有自主知识产权的中国发明进入国际标准更是难上加难。这块硬骨头要不要啃？能不能啃？其实，我当初对国际标准也是知之甚少的，因为要攻克这个难关，才开始逼我进入这一领域。

我们很快就把提案送上去了，本以为没有任何问题，没想到经过3个月的投票，我们的提案被否决了。如

果我们就这样退缩了、放弃了,这怎么行呢?不入虎穴,焉得虎子。只有积极参与,才有一席之地。所以我就主动把各国专家请到中国来,请他们到我们的码头上去实地考察一下,让他们看看中国的发明,我再一个国家一个国家地去做细致的说服工作。功夫不负有心人,这些老外感觉到我们搞的东西确实要比他们在实验室里、在大学里做的更好,就主动告诉我:你们还可以再提新提案。最后我们成功了。这是我国首次将拥有中国和美国发明专利的创新成果上升为国际标准,也是我国在物流和物联网领域第一个由我国专家主导的国际标准。

蒋:
您做了这么多创新项目,有没有哪个是您自己最看重的?

包:
我今天心里想的是正在做的横沙项目。通过我们这批人的努力,能为上海增加 56 平方千米的土地,这对上海意味着什么?而且横沙岛是长江入海口最后一个小岛,可以建 20 米深的深水航道,有 100 千米的深水岸线,这对上海意味着什么?所以再苦再累,我们都要克服。

蒋:
别人一辈子做成一件事就已经很成功了,您做成了好几件。

包:
我不是这么想的,我做事有个清零的概念。这件事情做成了,我就不会再把它放在心上天天惦记着,人家怎么说,我怎么说,对我来说都不重要。重要的是我后面还能不能做出新的东西来。如果你把过去的事情当作荣誉的十字架天天放在脑子里,那你就完了,不可能再有新的东西。过去的事情天天放在脑子里有什么用?我就把它放下,因为最终判断我们的价值的,还是看你为国家、为人民做了些什么。

我不搓麻将、不玩游戏、不看电视，人家喜欢的这些东西我都不喜欢，我的幸福不在这里，我把幸福放在我追求的东西上

蒋：
您是劳模，也被称为工匠，您如何看待劳模精神和工匠精神？

包：
劳模精神和工匠精神其实是一脉相承的。工匠是围绕专业来讲的，工匠的本质就是专心致志、一丝不苟，全心全意做好本职工作。劳模比较注重综合素质，各方面的要求会更高。不过，如果你把专业的事情做好了，就离劳模不远了，而劳模更应是职工中的佼佼者。

蒋：
您50多年来干了很多不同的事儿，比如当工人、当老总、当教授，但如果从另一个角度来理解，其实您也一直在干同一件事，就是创新。

包：
我就是坚持不懈地在岗位上做这一件事。其实你说我的岗位有变吗？没有变！我始终在上海港，围绕港口的变迁，我的创新在与时俱进。

蒋：
业余时间您都做些什么？

包：
我没有太多的爱好。别人有时候问我"那个电视剧你看过吗"？我不看的，从来不看。我没有把心思放在这个上面。我不搓麻将、不玩游戏、不看电视，人家喜欢的这些东西我都不喜欢，我的幸福不在这里，我把幸福放在我追求的东西上。这也是我这些年来能做成

一些事情的原因，因为我觉得要抓住机会、抓紧时间。

蒋：
除了工作，您有其他喜欢做的事吗？

包：
最喜欢的就是旅游。

蒋：
特别喜欢哪儿？

包：
南极、北极。

蒋：
哪年去的？

包：
六十七八岁时去的。

蒋：
去南极、北极后有怎样的体会？

包：
人很渺小，不要以为你了不得。在大自然面前，人很渺小。

蒋：
大自然会给人带来很多启发。

包：
我觉得不能认为劳模是苦行僧，不能认为劳模就只知道工作，不知道生活，这样不好。我坚持认为劳模是人，他也应该追求好的生活品质，特别是各级组织也应该关心每个为社会作奉献的人。如果劳模只是吃苦奉献，就很难成为大多数年轻人的榜样。人的奉献和所得应成正比，这样劳模才更可能成为年轻人的榜样。只有好人有好报，社会才会进步。如果人人觉得劳模是个倒霉蛋，那就没价值了。劳模的人生应该成为大家向往的一种人生。

蒋：
您还有特别想去玩的

包：
太多了，但现在不行。对我来说，人生已经进入倒计

蒋：

地方吗？

时了，要抓紧时间。

现在我手上有几摊子事：一是科研方面，横沙项目、新物流国际标准项目，都是我正在努力推动的工作；二是作为上海工匠学院第一任院长，我在思考怎样把基础打好，把劳模精神、劳动精神、工匠精神弘扬好。我是"老三届"，因为"文革"，所以只上到初二，17岁就当了工人。1977年恢复高考后，我参加了考试，然后半工半读，晚上下了班去学习。改革开放初期，大家都抱着要改变自己命运的想法，学技术、学文化的愿望十分强烈，是"我要学"。后来这种风气慢慢弱了，变成了单位"让我学"。近年来，随着国家对工匠精神的倡导，又让很多职工增强了学习的动力。"我要学"正形成风气，工匠学院任重道远。

蒋：
您70岁了还四处奔忙，精力这么充沛，身体还不错吧？

包：
天晓得。血糖高、血压高、血酸高，有时还痛风，我不在意，不把这些病放在心上。我把心思放在我想要做的事情上，因为人早晚要离开的。

我想趁自己精力还可以的时候，尽自己最大的能力多做些事情。我已经70岁了，精力会每况愈下，如果不抓紧，很多想搞的创新、想做的事就来不及了。

蒋：
您特别想多做哪些事情？

包：
特别想帮总工会多做点事情，想为一线工人多做点事情。党中央提出要加强产业工人队伍建设改革，我觉得自己从一个平凡的码头工人成长起来，应该把自己这么多年来成功的经验、不成功的教训都传授给年轻的工人，让他们茁壮成长。

印象

时间就像一张网

蒋菡

70 岁的包起帆很忙。

2021 年 6 月 9 日早上,我们约好在上海工匠学院见面。作为该学院首任院长,这天上午,他在这里给一个工匠研修班讲了开班第一课:"3 天的培训,既然来了,希望你们都能有所收获。"他从 9 点半讲到 11 点半,主要内容围绕创新展开,然后耐心地回答学员的提问,直到预定的 11 点 45 分下课。走出教室,他接过同事递来的一个食品袋就往停车场走,袋子里有两个馒头、一盒牛奶,是他的午餐。

他把食品袋放一边,启动汽车。下午 1 点 15 分,也就是一个半小时后,他要在 30 公里外的华东师范大学给体育学院的师生讲一堂党史教育课。他目前的另一个身份是华东师范大学国际航运物流研究院院长。"时间紧,本来也可以不去的,但他们特别希望我去给同学们讲讲我的经历,那就去吧,也很有意义!"

这天,我跟他商量好的计划是:我跟着听这两堂课,到下午 3 点讲课结束后,再跟他做访谈。在我看来,能在正式访谈前对采访对象有这样的侧面观察和了解的机会,是非常好的"预习"。

没想到的是,从上海工匠学院到华东师范大学这一个多小时的车程中,我们的"闲聊"带来了意料之外的收获。包起帆慢悠悠地开着车,车里放着 20 世纪 80 年代的抒情歌曲,时不时还有导航的声音冒出来……这种轻松的氛围,让我得以提出一些采访提纲上没有列出的问题。

比如,"您是什么时候学的开车"?包起帆告诉我,他67岁才学的开车。在从上海港退休前,很多同事都去学开车,但他不忍心从司机手中"夺掉"方向盘。"我当时的司机得过脑出血,蛮可怜的,他爱人得了癌症,他自己身体也不好,如果我不要他开车,别人也不会要,他就只能下岗了。"所以,直到退休后,因为经常要外出参加各种社会活动,打车有时不方便,他才去学了开车。

这个无意间聊起的小故事,让我看到了他的"心软"。而这份柔软里,饱含着他对工人的体恤。

比如,"您70岁了还四处奔忙,精力这么充沛,身体还不错吧"?他说,其实他的身体也有各种问题,但他不在意,"我想趁自己精力还可以的时候,尽自己最大的能力多做些事情"。

在这样的争分夺秒里,我看到了他的热忱。而这份炽热中,蕴藏着他想为工人、为工会、为社会多做点事的初心。

我还聊起:"在看您的相关材料时给我留下的印象是,您真是不怕苦、不怕难、不怕烦,有特别强的韧劲儿。"这时候,他像跟后辈分享自己珍藏已久的成功秘诀一样笑眯眯地说:"我告诉你,你不知道,越是难的事情,让你做成了,才更有价值。"

正是一次次勇往直前地攀登,让他的人生价值像他的创新之路一样,不断拓宽、延伸。

不知不觉中,我们到达华东师范大学,正好下午1点。包起帆坐在车里用5分钟时间把午餐解决了。1点15分,这位70岁的老人又精神抖擞地坐在了讲台前。他身后的屏幕上有12个字:不忘初心、牢记使命、乐于奉献。

两个小时后，讲课结束。当我们终于面对面坐下准备进行正式采访的时候，他收到了一条期待中的好消息：北京时间 6 月 9 日中午，中国提出的《ISO/NP TS 7352 集装箱 NFC/ 二维码封条》国际标准新提案被投票通过，美国、俄罗斯、中国、法国、英国、日本、澳大利亚、丹麦投票赞成该提案。"我们又拿到了一张领衔制定国际标准的入场券，在当今国际形势下，非常不易。"他一脸自豪。

他带领团队又一次做成了一件难事、一件很有价值的事。

这一天，是包起帆无数个忙碌日子中寻常的一天。我近距离地看到了一个生活中的劳模，一个孜孜不倦的工匠，一个"有出息的工人"，一个有胸怀、有温度的长者。回想起他那带着一道道光环的履历和一长串的获奖经历，我想起一句话：时间就像一张网，你撒在哪里，你的收获就在哪里。

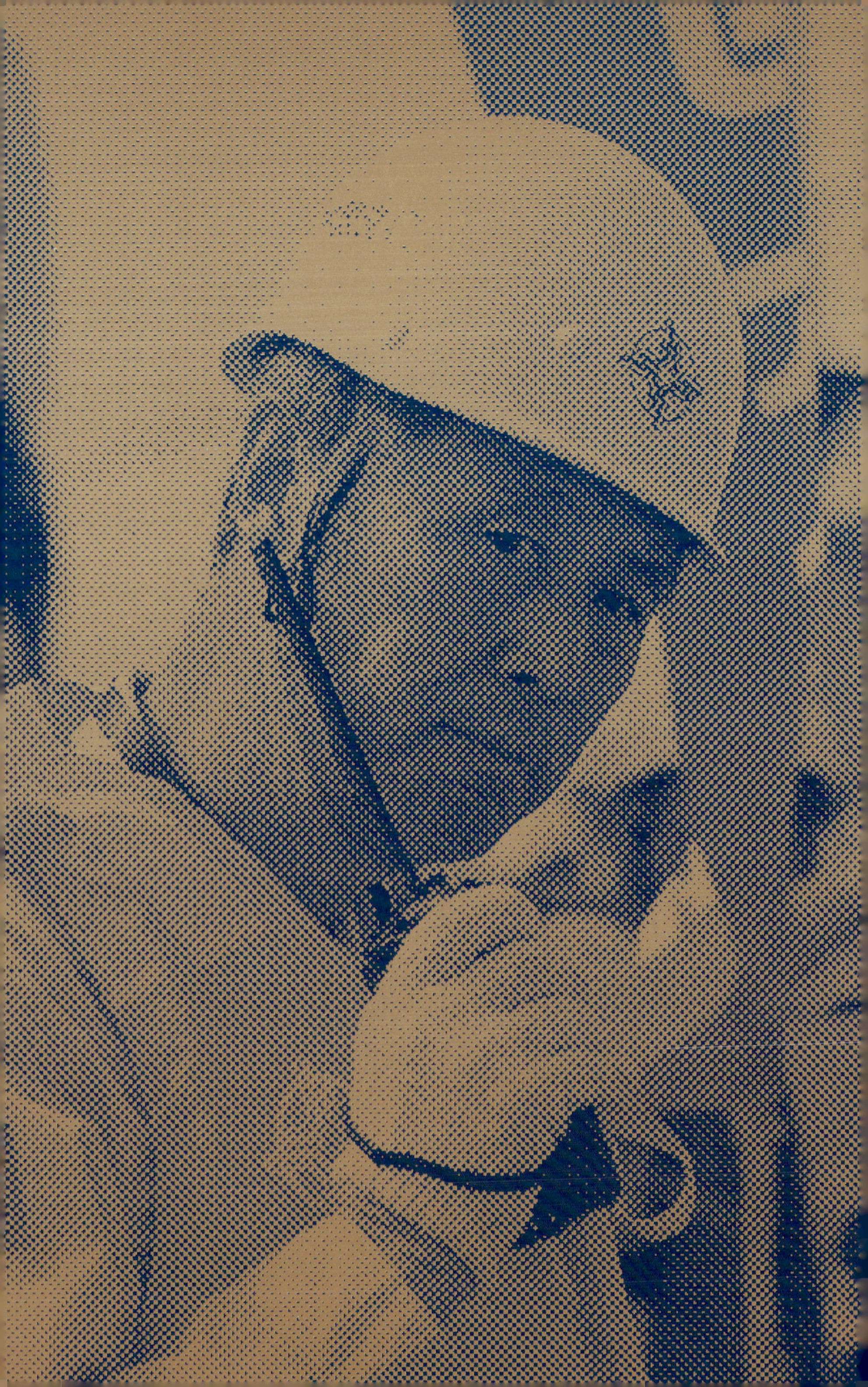

林鸣

向着最好的方向去做

向着最好的方向去做。 —— 林 鸣

林 鸣

桥隧领域施工技术与工程管理专家，中国交通建设股份有限公司总工程师。自2010年12月起，担任港珠澳大桥岛隧工程项目总经理、总工程师，率领数千建设大军攻坚克难，突破多项核心技术，开中国外海沉管隧道建设的先河，推动我国岛隧工程建设水平迈入国际先进行列。

1957年10月
出生于江苏省兴化市

1981年5月
毕业于东南大学（原南京交通高等专科学校）港口水工建筑专业

2002年至2005年
参建南京长江第三大桥工程，先后担任副总指挥、工程总监、总工程师

2005年至2010年
任中国路桥集团总工程师

2010年12月
担任港珠澳大桥岛隧工程项目总经理、总工程师

2014年4月21日
荣获"2014年感动交通十大年度人物"称号

2015年4月28日
获评"全国劳动模范"

2016年7月1日
获评"全国优秀共产党员"

2018年4月
获评"最美职工"

2019年
任中国交通建设股份有限公司总工程师

2021年11月
当选中国工程院工程管理学部院士

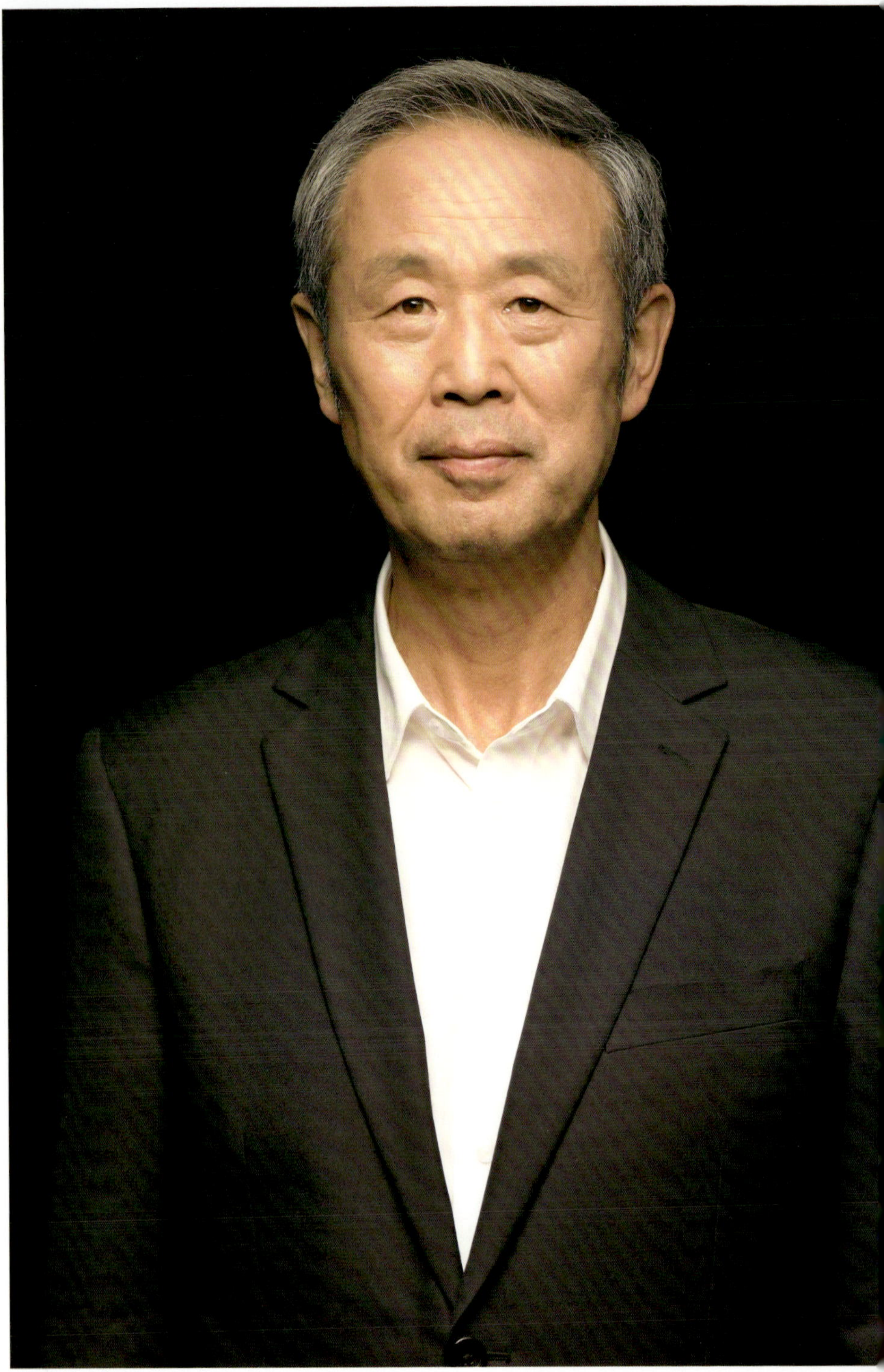

感兴趣的问题

1. 人生中最开心的时刻是港珠澳大桥建成的时刻吗?
2. 干一项工程就像一次旅程,回过头来看,建设港珠澳大桥是一次怎样的旅程?
3. 干超级工程是极大的荣耀,也意味着极度的疲劳,您的精神支柱是什么?
4. 徒弟们都很钦佩您,您最想教给徒弟的是什么?
5. 跑步给您带来了什么?

受访者
林鸣

采访者
蒋菡

采访时间
2021 年 3 月 23 日

自己想好一个目标,想好了就要做到,工作也是这样

蒋:
您现在是什么样的工作节奏?

林:
我平时在北京,在公司总部上班,每周五下午去珠海,港珠澳大桥还有一些收尾工作要处理,像工程结算、工程审计之类的,然后周日下午回北京。我们还有一个几十个人的团队在珠海。我要把这些事情做完,善始善终。

蒋:
就是说您周末也不休

林:
我精力还可以。

息？难怪您的同事说您精力过人。

蒋：珠海离您的同事们正在建设的另一座跨海大桥——深中通道很近，您也会经常过去看看吧？

林：会去关心关心。深中项目上主要的几位负责人都是我的徒弟，像杨润来、王强、小岳，都是从港珠澳大桥干完后过去的。看到他们干得不错，比我自己干好还开心。但他们挺不容易的，刚干没多久，就一个个都脸色发青，压力挺大的。

蒋：我 2019 年底在深中项目上看到杨润来（中交一航局深中通道项目副总经理）时，就觉得他整张脸上写着一个字——累。接连干两个超级项目，意味着极大的荣耀和极度的疲劳。

林：是。责任大，花这么多钱，有很多要操心的事，有很多关系要处理，在其位，谋其职。尤其是当项目负责人的时候，人会焦虑，有时候睡到半夜突然想到一个问题，心里不踏实，立刻就睡不着觉了。如果心理上不能顶住压力的话，几下就垮掉了。所以我跟他们说，不能垮，该放下的要放下。我年轻的时候，没干这么大的项目时，有时候都觉得要垮掉。到干港珠澳大桥的时候，50 多岁了，自己能够调整了。

蒋：您说的垮掉是指？

林：身体，一旦焦虑以后，内分泌就乱了。如果调整不好，得不到很好的休息，几个月你的身体就被打垮了。很多年前我出现过这种状况。1997 年开始建武汉长江三桥，1998 年赶上大洪水，多紧张，然后我的身体就不行了。后来建润杨大桥的时候我的身体也不行，当时的状况就是整个身体都紊乱，睡眠就更不用说了，安眠药吃了好几年，小腿全是浮肿的，站一会儿就开始痛，站不住。后面实在不行了，我就到医院去，查出胃溃疡很严重。医生就跟我讲："你这就是焦虑，自己要调整，因为焦虑引起内分泌紊乱，然后消化系统受影响，免疫能力下降。"我当时一咳嗽就是三四个月，经过五六年才逐渐调整过来。

蒋：怎么调整的？

林：有一年去北戴河疗养，有个医院院长跟我建议：你要坚持运动，通过运动来调整。就从那时候开始，2013年，我从每天跑1公里、2公里到10公里，后来还跑过马拉松，最多的一次跑了46公里。

蒋：跑步给您带来了什么？

林：身体好了，主要是解决了内分泌紊乱的问题。另外，跑步的时候身体可以得到休息。你每天哪怕有半个小时、一个小时让自己的心静一静，不去想那些烦心的事，都能让身体得到很好的休息。操心烦人的事情和思考问题是两码事，有问题不怕，你就想怎么去解决，就怕烦心。

虽然跑步要花一个小时，可也不影响工作效率，可以一边跑一边去思考一些系统性的问题。平时你思考的时候很可能有各种事来打岔，但大清早跑步时没什么人来打搅，而且有时候还突然能找到解决某个问题的灵感。深入思考的时候，心是静的，不躁，可以把有些问题想明白。所以我从来不跟别人一起跑，一个人静一些。

跑步对我来说很重要，出出汗，调节内分泌，还能思考问题，一举多得。

蒋：即使是建港珠澳大桥

林：越忙的时候越要跑，不耽误事儿。那个时候我起得很最忙的时候也没有停过?

早,早上 5 点爬起来,天刚亮就跑回来了。
我把跑步当作一天里必须干的事儿,既然必须干,那就赶快给它干了。养成这个习惯后,不管在国内,还是去国外出差,我都跑,一天不落。

蒋:
定了目标,就雷打不动。

林:
这也算是一种精神。去武汉的时候,我就想好要绕东湖跑一圈,就一定要跑完。去杭州,我打算绕着西湖跑一圈,早上 4 点不到就开始跑,跑回来才 5 点。到德国出差 5 天,我在飞机上就想 5 天能不能跑到 100 公里。后来早上没时间,我就晚上跑,跑满了 100 公里。
自己想好一个目标,想好了就要做到,工作也是这样。

只要人家让我干的,我都要做到超出你的想象。从第一步开始就这样去走,你的人生会少很多遗憾

蒋:
您小时候是个什么样的孩子?

林:
比较勤快吧!我小时候在兄弟三个中是干家务活儿最多的。我开始也不太乐意,后来干着干着就把生炉子、做饭、打扫啥的都学会了。我还会做我们老家的特色菜——狮子头,最厉害的是做鱼圆,十几岁的时候就会。水和盐的比例要怎样、怎么搅拌才能让鱼圆搁到水里漂起来,把这些步骤和原理搞通了以后,一步步做就行。我把家里收拾得干干净净的,菜也做得好吃,就觉得挺好的。

蒋:
我发现几乎每个我采访过的工匠都手巧,还勤快。

林:
我喜欢钻研,家里的灯都是自己安装和修理。刚开始我被电过两次,后来看到书上说电工可以带电操作,就研究原理。原来只要没有电位差,就可以带电操作。搞明白原理以后,我带电去接线就没问题了。

蒋:
心灵手巧,这四个字是连在一起的。

林:
是啊。

蒋:
您最早曾经当过工人,那段经历怎么样?

林:
我做工人做得很好!我五年级的时候,随父母从县城下放到农村,读完初中后回城,然后进工厂当了工人。最开始我在镇上的一个集体所有制企业当了一年钳工。那里的师傅,要他教你点儿东西是很难的,俗话说"教会徒弟,饿死师傅"嘛!这是我走上社会的第一步,很磨人。在那个环境里,要受得住师傅那种对你不管不问的态度,要耐得住寂寞,然后自己想办法学东西。怎么学?就是在旁边看别人怎么干,然后自己琢磨、自己练。所以,那段时间我还是学了些本事,打了些基础。当学徒的日子挺难的,但回过头来看,其实那段经历挺有用的,让我学会在困难的环境里努力去适应环境。

后来到1974年，我们县里一个大化肥厂招工，我去当了操作工。我有基础，又勤快。看我那么能干，哪个师傅都喜欢我。在那里，我终于有了产业工人的感觉，师傅啥都教我，啥都叫我干。

蒋：
从您的个人经历出发，您会告诉今天的年轻人，初入职场应该怎么做？

林：
第一，进了一个单位，无论交给你的工作简单不简单、容易不容易，一定要静下心来认真地去做，不要一边做一边讨厌它。当工匠，这一点很重要。啥事儿你就安心地去干，别不乐意。对一个人来讲，不管知识、智商、悟性怎样，对于你经历的每一件事情，你都可以把它把握住，慢慢积累，这些就是你人生的财富。

到了厂里，师傅叫我"今天把这个东西锉平"，我就认认真真地把这个事情做好。还有像端茶、送水、扫地这些事情，没有人叫我去做，我也都把它干好。后来大学毕业到了机关我也是这样，擦桌子、洒水、扫地，比别的同事来得早点，打开水打得满满的，桌子擦得干干净净的，地扫得干干净净的。勤快的人到哪儿都会受欢迎。

蒋：
不会去计较干多干少。

林：
干多是好事儿，干多不吃亏。这个挺重要。要是老去算计这个该不该我干，肯定干不好。多干活儿、多付出你就很不乐意，这不行。

我当工人的时候干了很多活儿，钳工也好，铆工、电焊工也好，特别是起重工，都干过，后来都用得到。港珠澳大桥装接头的时候，我指挥1.2万吨的起重机，有多少人能有这样的机会？

蒋：
机会是给有准备的人的。你一点点付出的劳动，一天天掌握的技能，都在默默地为机会的到来而准备着。

林：
第二，你面对的每一件事情，都要把它做好，尽量往好的方向去做。啥时候都要好好干，不要光是港珠澳大桥这样的大工程你好好干，小工程就不好好干了。哪怕你是盖个小房子，甚至修个厕所，如果人家说这小房子、这厕所不错，多好啊！你就是干这个事情的，为什么不尽量把它干好？要抱着这个态度去做事。

只要人家让我干的，我都要做到超出你的想象。从第一步开始就这样去走，你的人生会少很多遗憾。

蒋：
不是说你要求我做到什么样，我就争取做到什么样，而是我要超出你的要求。

林：
进了工厂，师傅让我装个接头干个啥，我都向着最好的方向去做。后来我做工程也是这样，做别的事也是这样，要求我身边的人也这样。家里做个饭、搞个卫生都这样。面对那些很难做到的甚至几乎不可能做到的事情，我也尽量去做到，事在人为嘛！

蒋：
这种自我加压的原动力来自哪儿？

林：
就是个习惯。我母亲就是这样，什么事情都尽量做好。

蒋：
每一步都是一种累积，您如何看待当工人的经历对您以后人生的影响？

林：
当工人的经历其实是我人生很大的一个优势。如果我比有些大学毕业直接来当工程师的人厉害一些，可能就是我比他们多了一段当工人的经历。因为我有在农村的经历、在工厂的经历，再加上大学的经历，我就比别人多了一些东西。

蒋：

农村生活的经历给您带来了什么？

林：

在农村一年四季都有事儿干，冬天抓麻雀，夏天抓鱼，挺开心的。而且有了农村的经历，会比较爱劳动。农村有那种特别聪明的农民，把自留地弄得非常好。我就琢磨，自己怎么才能把家里的一切搞得特别好。最聪明的农民还能成为农民里的领头人，我看了很崇拜，这些都是对我有影响的。

蒋：

您儿时的理想是什么？

林：

我原来想当医生，我要是学了医，肯定也会是个很好的医生。做医生面对的是人体，整个机体的各个器官是相互关联的，这里痛，就分析有可能存在哪几个原因，然后去找出症结在哪儿，对症下药。后来做工程，其实也是一样的，认识它的原理，把握它的规律，想明白以后，就胸有成竹。

抓到个小机会你就发光

蒋：

参加高考是您人生中一个巨大的转折点，当时是怎样一个情况？

林：

1977年恢复高考，这个消息我是在北京听到的。当时我被化肥厂选派到一个大学里进修3个月，学习结束前我们有一次去北京的机会。我就是在北京的时候听到恢复高考的消息的。听到这个消息我很高兴，一旦动了念头就去做。整个车间只有我一个人准备参加高考。我找了一套书，从头去学，一边看，一边悟。

后来我考上大学离开了工厂，毕业后去了武汉的一个工程单位。当时单位不把我们这些从学校来的年轻人当回事儿，不太喜欢知识分子。当时我们没有办公桌，就有一块纤维板，连个抽屉都没有，那也得好好干。一开始，单位也没有说让我干专业内的事儿，就让我跟工人一起干活儿，那我也得去干，不抱怨。

蒋：
您没有觉得"我大学毕业来到这儿，还能干这些"？

林：
绝对没有，夹着尾巴做人。人家叫你干活儿就去干，不仅如此，人家还欺负你。铲沙子轻松，不让你去铲，让你去铲石子。石子不好铲，很累，但我也不抱怨，还是好好干。

我原来当过工人，有基本功，修东西、烧电焊、钳工活儿，都干得不错，别人跟我比差远了，搬砖头我也比别人还厉害。给我个活儿，浇个混凝土构件，我一下子就干完了。又让我负责盖个车库，他们估计要盖半年，结果我两个月不到就给盖好了。又让我负责盖宿舍，他们盖了几个月没盖一层楼，结果我去，几个星期给盖了一层楼。为什么我能做到？因为我不光有技术，还会动脑子。

那时候是唯恐没有事情做，而不是怕做了事情会吃亏。我能看到一张图纸就很兴奋，感觉自己能发挥作用了。只要给我一点事情，我都会非常认真地去想怎么把它做得更好、更好、更好，更快、更快、更快，怎么用更巧妙的方法来解决一些问题。

蒋：
您是把每一个任务都当作一次机会。

林：
抓到个小机会你就发光。3年以后，1984年，领导就让我去党校，作为人才培养。这以后就有了更多机会，我开始干工程。我还是跟过去一样，认真对待每一个机会。

在工地上每天面对的东西都不一样。你可以把你的创意、智慧都用上，来解决各种问题

蒋：
您更喜欢坐办公室还是去现场？

林：
当项目总工程师了，谁还愿意去工地？我就愿意，到现在还是喜欢工地，喜欢干一些具体的事儿。但在现场不代表你没有思想，不代表你在理论上没追求，我们也写文章、写书，总结对工程的认识。

蒋：
干工程，一方面做事要特别细致，把每个细节都尽量做好；另一方面要有一个总体的把握，要有管理的艺术，您怎么把两头都做好？

林：
这是两种能力，其实又是一回事，做东西和管东西都要用心、用脑子。它们不会有矛盾，跟干家务活儿是一个原理，买菜、择菜、做饭、洗被子，这些活儿都需要统筹安排，有条有理，然后把每一件做好，清清爽爽。所以，首先是你的动手能力没问题，其次是得把所有的事情都谋划得特别好。工地上也是一样的，明天有哪些事情要做，重要的是哪个，我忙不过来要谁来帮忙，所有的都要想好，第二天就可以有条不紊地一条一条往前推。

从小工地到大工地、简单的工地到复杂的工地、复杂

的工地到特别复杂的工地，这里不只有你一个人，还有团队。但再大的工程、再大的工地，原理是一样的。

蒋：
您觉得工地的魅力在哪儿？

林：
在工地上每天面对的东西都不一样。你可以把你的创意、智慧都用上，来解决各种问题。

蒋：
把挑战当作乐趣。

林：
挑战困难的感觉挺好的，而且我习惯于这种生活。在机关也没问题，但相比之下，我更喜欢在工地这种指挥千军万马打仗的感觉。就像部队一样，有人喜欢带兵冲杀。

蒋：
刚才看您跟同事们开会时的状态，就有那种大将军的感觉。小时候有过当兵的想法吗？

林：
有过。我报名过飞行员，但体检没过。

如果人生再来一次，我相信能做很多更好的事情，或者说把我自己做得更好

蒋：
往回看，您会觉得人

林：
就想再干几个工程。

生的哪个节点是有点遗憾的吗？

蒋：
干不够。

林：
现在感觉自己的经验特别多，但年龄大了嘛！很多工程，反思的时候会发现，要是重新来过，可以干得更省钱、更绿色，尤其是港珠澳大桥。

蒋：
建设港珠澳大桥，具体还可以在哪些方面有所改善或提升？

林：
哪个方面都可以用其他的方式去做，比如接头可以换个更经济的方式。现在我们就在写相关的总结，会把这些想法总结出来。

所以说人的智慧不存在巅峰，技术也不存在巅峰，尤其像工程技术，你用心去思考，就可以不断寻求新的突破。现代的信息技术、大数据、人工智能，使得整个环境已经发生了很大变化。过去采用传统的技术方式的时候，你都可以想出很多方法组合、整合、优化，那么在现代技术条件下，你提升的空间有多大？比如，过去不能感知的现在能感知了，过去不能实现高精度的现在能实现了，效率也能不断提高。

蒋：
科技的发展不断超越人们的想象。

林：
只要你去突破，都能做得到。所以这段时间我们在总结中发现，可以把工程建设得更有效率、更可持续，这些空间非常大。

所以现在再去做工程的话，一定要从这些方面去考虑。不是说投入越来越大，人员越来越辛苦，而是在这些方面都可以做得更好。所以遗憾的东西多了去了，不是说向天再借500年嘛（笑）！

蒋：

如果人生可以重来？

林：

如果人生再来一次，我相信能做很多更好的事情，或者说把我自己做得更好。

我觉得人生就是这样，就是要让它有意义，这样的人生才有意思

蒋：

坚持高标准、严要求地去做事，是很累的，您靠什么支撑？

林：

就一个山头、一个山头地去攻嘛！总是在向着目标前进，也有"熬"的时候，有相持阶段，甚至偶尔也会有"这工程到底行不行"这样自我怀疑的时候，得把它藏着，不能说"不行"。

蒋：

作为带头人，您得把消极情绪藏起来。您怎么做心理建设，给自己鼓劲儿？

林：

我就抱着一种信念：工程不可能不干完，一定要干下去。我们干工程也有非常困难的时候，反反复复的过程也有，过了一个坎儿又来一个坎儿，就要坚持，搞工程没有一帆风顺的。咬咬牙，两三个月，半年，就这么挺过去。

跟跑马拉松一样，得咬牙坚持。可能任何人都有这样的经历，你写篇文章可能都有熬不下去的时候。一旦不坚持，就完蛋了。

蒋：

作为项目负责人，团

林：

不管大工程，还是小工程，作为一个指挥员，我一定

队中除了有技术人员，更多的是工人，怎样管理工人？

要想方设法让所有工人都能适应工艺、流水线配置，这非常重要。比如针对海上施工环境，我要把所有困难都找出来，然后在设计方案、技术攻关时，把这些问题化于无形。能工巧匠毕竟少，工地上大部分是刚来的工人，我不能要求所有工人都有特别高超的技能。只有90%以上的工人都能完成的活儿，他们才能干好。所以说，所有工序的难度都要尽量往下降，生活环境、工作环境的标准要往上调。

还有，要让工人喜欢这个团队，乐意去干，才能把工程干得特别好。一项工程是几千个工人一天一天干出来的。你要真诚、真心地去善待他们。如果你不是真心的，坚持不了多久的。哪怕条件差一点，但如果他们能感受到你的真心，那你的工程就比较有谱了。

蒋：就是营造一个能让人舒心干活儿的环境。

林：有尊严地工作，才能干出有尊严的工程。这方面我们的工地做得很好。从我这儿开始，各级领导都这样，因为你把标杆立起来，大家都会这样。有了好的工人、好的方案、好的装备，怎么可能干不出好的工程呢？那时候你就得心应手了，带出一支铁军，什么困难都能克服。

蒋：干工程会面临很多困难，您怎么给团队鼓劲儿？

林：要善于找正面的东西去鼓励大家。有时候我们管理者往往善于挑毛病，但发现正面的东西的时候，更应该及时指出来，把它放大，从这个方面给大家建立信心。特别是在面对很多困难的时候，不要光是挑毛病、批评人。

建港珠澳大桥的时候，我给大家讲了很多故事。每次安装沉管，我都会去现场给大家讲两个故事。一共 36 根沉管，我讲了七八十个故事，古今中外的都有。我很后悔的一件事，就是没有把那些故事都整理出来。

我记得在工程冲刺阶段，我给大家讲过一个种苹果的故事。日本有一个种苹果树的果农，精耕细作，从不施用化肥，可种了几年也不结果，很多人笑话他像个傻瓜。他坚持精耕细作了五六年以后，那些苹果树终于结果了，结出来的苹果好吃得让人想哭。

我讲这个故事就是想鼓励大家要把认真的劲头坚持到底。当时已经干到最后阶段了，人工岛上还有一个投资很少的小工程。是放松一点赶紧完成，还是不打一点折扣地认真做好每一个细节？我们选择了后者。要不是这么认真地去做，可能会留下一些瑕疵。那时候人工岛上有 2000 多个人，最后所有人都觉得这个工程干得非常漂亮。

蒋：
您还是个故事大王。

林：
我平时讲不出来，在现场一受刺激，可以讲很长时间，在工地把自己的潜能全部发挥出来了（笑）。很美好，所以人生不是很有意思吗？要是不在现场，去哪里跟人家讲故事嘛！如果在机关，就是按部就班，人生没那么丰富。

蒋：
这样的人生是不是特别幸福？

林：
那当然。痛并快乐着，一定是这样的。
其实搞工程是非常辛苦的，经常熬夜，有很多需要操心的事情。尤其是应急的时候，本身就是痛并快乐着，它会无限地促使你去发挥你的潜能。

蒋：

如果都是平平淡淡的生活，您可能体会不到猛烈的痛苦、煎熬，也体会不到那么强烈的幸福感、成就感。

林：

平淡也是一生，痛苦、快乐交织着的跌宕起伏也是一生。人生很短暂，人就是一个小符号，历史很快就把你淹没了。你能做这样一个大工程，不就很有意思吗？虽然官不大，但有多少人能做这样一个让全球都瞩目的大工程呢？这样的人生很少。

蒋：

而且很多年以后，还有人走在这座桥上。

林：

它会影响很多人。所以我觉得人生就是这样，就是要让它有意义，这样的人生才有意思。

蒋：

您怎么定义人生的意义？

林：

你为社会创造价值，这样就是有意义。每个工程你都把它做到超出别人想象，这样的人生就很有意义。当跟你打过交道的业主，都觉得你很好、都很怀念你的时候，你不会觉得人生很有意思吗？如果我们每个人，不管是像我这样管一个项目的人，还是一个瓦工、木工，不管你在大企业，还是在小企业，如果大家都这么去做，都有这样的精神，如果这个成为我们全社会的一种文化，多厉害啊！我们想追求的高品质也好，美好生活也好，不都有了吗？

说到底，工匠精神就是你热爱你自己的工作，把你的工作尽量做到最好。

蒋：

怎样才能让这种工匠精神影响到更多人？

林：

培育工匠精神也是需要有社会环境的。要有人去倡导，不是去说教，要构建出一个工匠精神能滋生的土壤。要使它变成全社会都去追求的一个东西，既要有一个力量在后面推，又要有一个力量在前面引，这是一个系统问题,是非常重大的一个课题。这需要从起跑线就开始构建,不是一朝一夕的事情,不是一代人的事情。我们可以从工程开始,给全社会作示范,这也是挖掘社会的积极因子。像我们集团很早就开始评选"岛隧工匠",鼓励大家在自己的岗位上发光发热,把自己的事儿做好。有了这种精神,工程的安全、质量就都有了基础。

干了10多年,没有感觉到很长,好像一瞬间就过去了,但一瞬间又是永恒。虽然是历史长河中的一瞬间,但我生命的价值融在其中了,无怨无悔

蒋:
您干过的工程里头,最骄傲的是港珠澳大桥吗?

林:
当然,但它也是一步步来的嘛,跟过去在农村、在工厂的经历,包括从小养成的态度——把每件事尽可能地做好,都有关系,不能孤立地说"这一个"。因为有了前面那些经历,然后我才能去干港珠澳大桥项目,才能把它完成,而且干得比别人期待的更好。

蒋:
没有前面的累积,也

林:
一定是这样的。很多东西在你起跑的时候就已经决定就没有"这一个"。了,至少你成功的概率在你起跑的时候就决定了。

蒋:
您人生中最开心的时刻也是港珠澳大桥建成的时刻吗?

林:
对我们喜欢做工程的人来说,建成大桥意味着一段经历就结束了,心情比较复杂,不一定是最高兴的。建港珠澳大桥的时候,总共要安装几十根沉管。看着它们一根根被安装好,没了,我心里有点空落落的。干工程的人就是几年换一个地方,新的环境、新的同事,不像在工厂,一干几十年。我干完港珠澳大桥项目都60多岁了,这辈子还能干工程吗?所以我当时的心情更复杂。

总的来说,干工程高兴的时候多,因为总是在不断地解决问题。完成一根沉管的安装,解决一个难题,我都会很高兴。尤其建跨海大桥,面对波澜壮阔的茫茫大海时,我就像战争年代的将军在领兵作战,这种感受只有我自己才能体会。

蒋:
有时候记者提问喜欢问"最",但其实未必您说得出来哪个是"最",因为很多东西都是积累的,包括知识、经验和意义。

林:
但可能我最喜欢的就是这样的人生。这一生中,有过很多很努力的付出,有过很多很好的同伴,大家一起创造了很多工程的奇迹,也包括一些遗憾的事情,这个过程我是最喜欢的。

蒋:
波澜壮阔的过程。

林:
所以我搞工程以后,几十年都没有离开过一线。

蒋:
其实人能活成这种状

林:
我走的是自己喜欢的路。尤其是在建港珠澳大桥的这态,是很幸福的。最喜欢这种过程,也是一种强烈的自我认可:我走的路,我很喜欢。几年,我把自己的知识、技能、管理经验、人生追求全融在这里面了。干了10多年,没有感觉到很长,好像一瞬间就过去了,但一瞬间又是永恒。虽然是历史长河中的一瞬间,但我生命的价值融在其中了,无怨无悔。

印象

积极因子

蒋菡

采访林鸣之前,我就听他徒弟杨润来讲过师傅的故事。在建港珠澳大桥时,一次,林鸣看到模板工人把现场收拾得非常整洁,很高兴地夸了几句,随后写了张字条递给杨润来,上面是6个字:寻找积极因子。

这件事给了杨润来很大的启发:越是特别辛苦、特别困难的时候,越是要用心发现美好的东西,哪怕是一点小小的美好,也可以将其放大,引导团队向着更积极的方向去努力。这是管理艺术,也是人生哲学。

这个故事构成了我对林鸣的第一印象——这是一个细腻、积极的人。

见面之后,我首先诧异于林鸣的精力。作为集团总工程师和港珠澳大桥岛隧工程项目总工程师,他目前的工作节奏是两头跑:周一到周五在北京,周末去珠海,处理港珠澳大桥项目的后续事宜。他好像不知道什么是疲倦,难怪他身边的同事感叹:"他那精力,小伙子也比不过。"

然后惊叹于他的毅力。跑步这件事,他坚持了很多年。无论工作多忙,无论出差国内还是国外,他都把它当作每天的必修课。"定了目标就要做到",他的话掷地有声。跑步如是,工作亦如是。有这样的毅力,又有什么事儿做不成?

最让我钦佩的还是他超乎常人的努力——做一件事就要尽量做到最好,做到超乎别人的想象。比如,在建港珠澳大桥的时候,规定要求的某项施工精度是5毫米,林鸣会带领团队争取做到3毫米,而且几乎是用这样的超高标准在做每一件事。

千里之行，始于足下。他把每一步都当作一个宝贵的机会去珍惜，所以每一步都走得很扎实，然后一步步地积累，走到了今天。

采访结束，我明白了，为什么他不知疲倦？因为他热爱自己所做的事。为什么他那么努力？因为他想让自己的生命更有价值，人生更有意义。

谁不向往有意义的人生？谁不希望活得更有意思？林鸣告诉我们，认真走好每一步，尽量做好每一件事，就是通往有意义、有意思人生的路。

林鸣，就是那个"积极因子"。

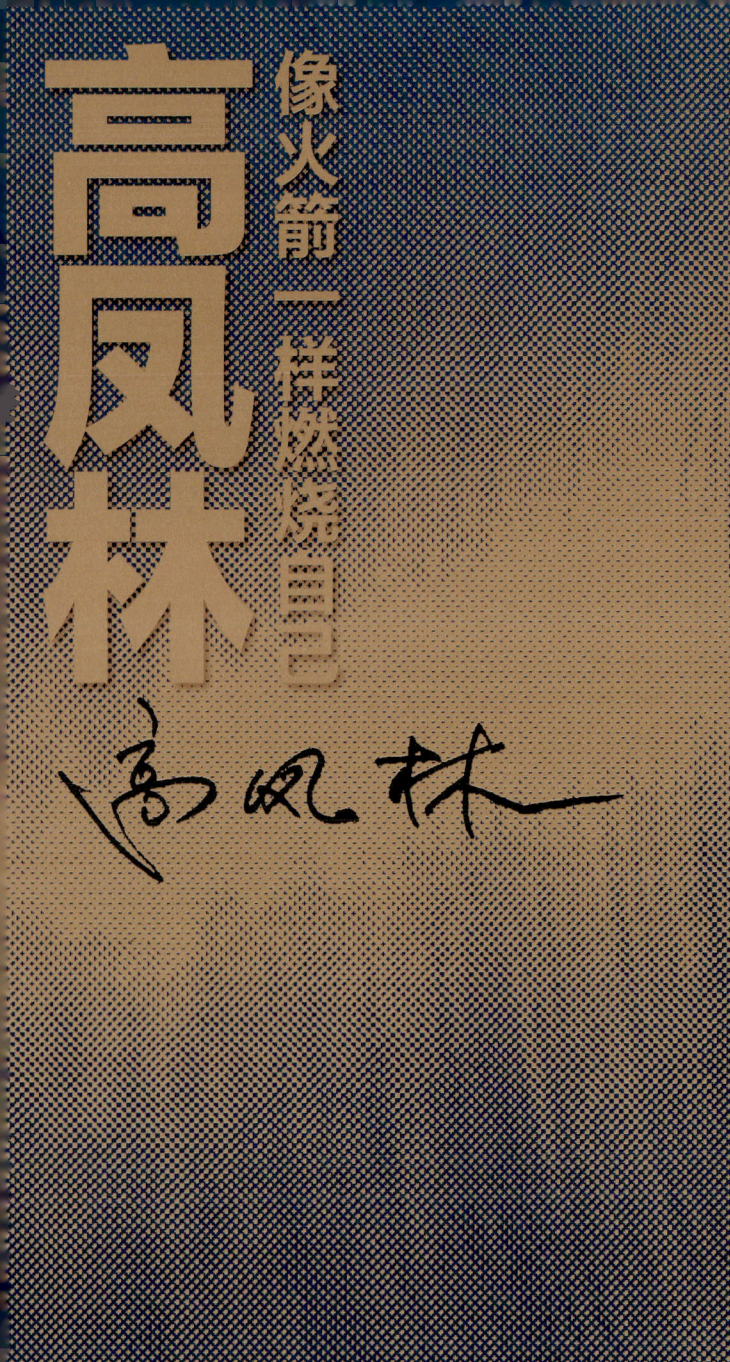

高凤林

像火箭一样燃烧自己

高凤林

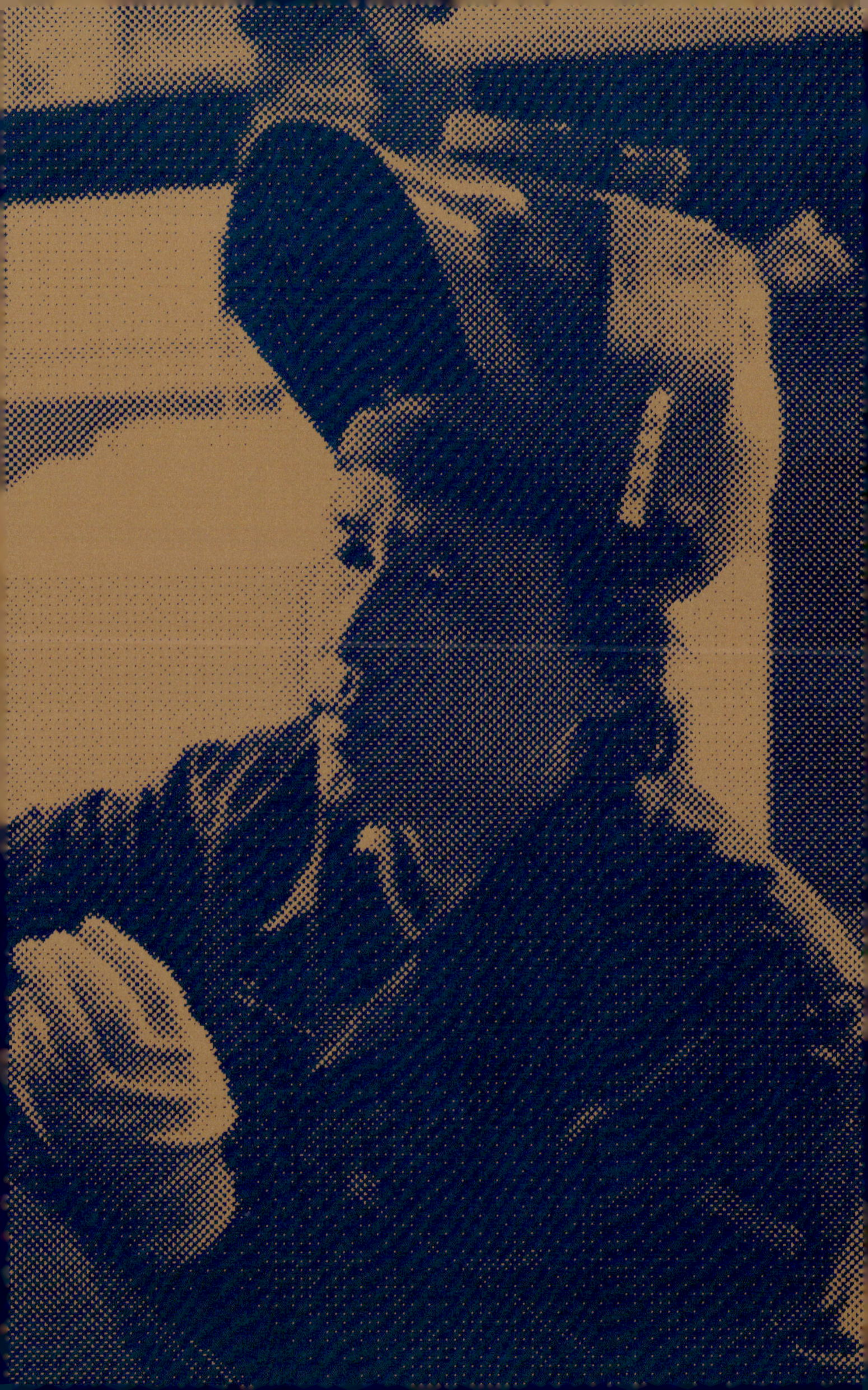

像火箭一样燃烧自己。 —— 高凤林

高凤林

中国航天科技集团公司第一研究院火箭总装厂（首都航天机械公司）特种熔融焊接工、火箭发动机制造领域首席技能专家，中华全国总工会副主席（兼职）。攻克了一系列火箭发动机焊接技术世界级难关，为北斗导航、"嫦娥"探月、载人航天、国防建设等国家重点工程的顺利实施以及新一代"长征五号"运载火箭的研制作出了突出贡献。

1962年3月
出生于北京市

1978年至1980年
第七机械工业部第一研究院火箭总装厂技工学校焊接专业学生

1980年至1982年
第七机械工业部第一研究院火箭总装厂14车间工人

1982年至1988年
航天工业部第一研究院火箭总装厂14车间工人

1988年至1993年
航空航天工业部第一研究院火箭总装厂14车间工人，1988年至1992年到首都联合职工大学机械制造与工艺专业学习；1991年获评技师；1993年起担任火箭发动机焊接组组长

1993年至1999年
中国航天工业总公司第一研究院火箭总装厂14车间工人；1996年12月获评高级技师

1999年至2005年
中国航天科技集团公司第一研究院火箭总装厂14车间工人；2000年12月获评"航天特级技师"

2000年至2003年
到北京理工大学计算机科学与技术专业学习，获学士学位

2005年
高凤林所在班组被中国国防邮电工会和中国航天科技集团公司联合命名为"高凤林班组"，成为航天一院首个以劳模名字命名的班组

2007年
获得"全国五一劳动奖章"

2012年
成为中国航天科技集团公司第一研究院首席技能专家

2014年
荣获德国纽伦堡国际发明展览会三项金奖

2015年
获评"全国劳动模范"

2016年
获得"中国质量奖"最高奖的唯一个人奖

2017年
获评"全国道德模范"

2018年
当选中华全国总工会副主席（兼职）

2019年9月
获评2018年"大国工匠年度人物"；在新中国成立70周年之际，获得"最美奋斗者"称号

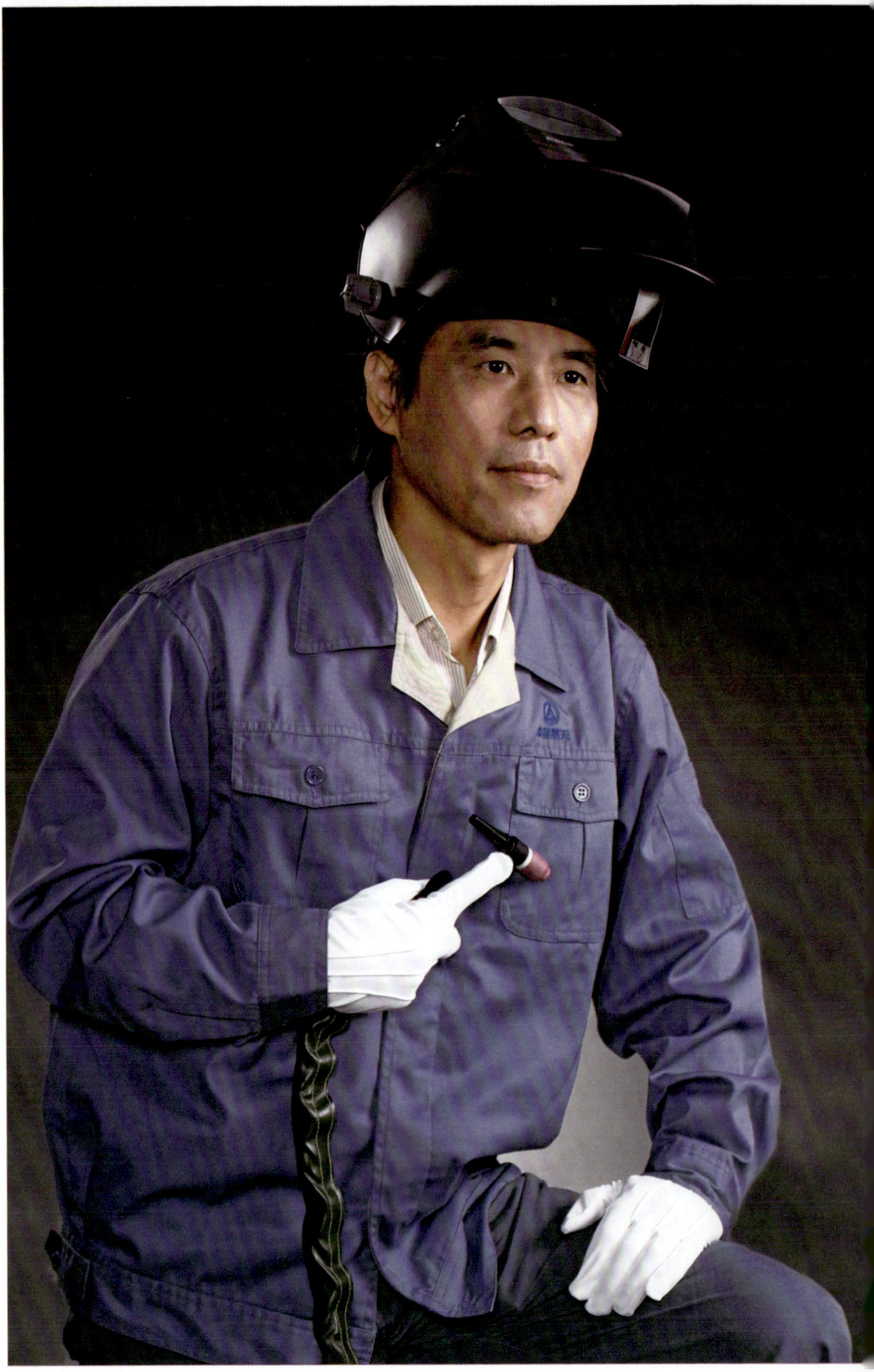

感兴趣的问题

1. "中国运载火箭发动机焊接第一人"是如何练就的?
2. 攻克一个又一个世界级难题,靠什么来支撑?
3. 常年在高压下工作,如何减压?
4. 如何看待成功和失败?
5. 如何看待技术工人的价值?

受访者
高凤林

采访者
蒋菡

采访时间
2020 年 7 月 15 日
2020 年 7 月 28 日

成功是差一点点的失败,失败是差一点点的成功

蒋:
7 月 23 日火星探测器"天问一号"成功发射,听说您去现场了?

高:
是,而且第一次在指挥大厅见证发射圆满成功的全过程!

蒋:
发射"天问一号"的火箭上的发动机是您焊接的吗?

高:
是的,"长征五号"遥四运载火箭的芯一级、芯二级发动机系统都是我和我的同事们共同工作的成果。

蒋：
内行看门道，您是怎么看发射的？

高：
关键是几个节点：起飞，点火。10个火箭芯一级发动机点火，涡轮泵旋转启动，逐渐加速，升空，出大气层，在外层空间顺利关机，滑行，二次点火。
这次发射的火箭的飞行曲线跟设计的理想曲线完全重合，说明我国的火箭技术越来越成熟，而且是一次精准入轨，非常顺利！

蒋：
您当时的感受是什么？

高：
波澜壮阔。这是我国航天史上的一个里程碑。我国第一次进行了行星探测，而且实现了绕、落、巡三步并一步，在这之前，只有美国能做到。

蒋：
您应该不止一次现场看过发射，看的时候还紧张吗？

高：
我看的次数也不多。我一直抓着椅背，很紧张。
我们航天人总说，成功是差一点点的失败，失败是差一点点的成功。航天产品是已知产品中保险系数最小的，它的边界条件最窄，应用工况最复杂，需要达到非常严苛的要求以保证可靠性。而且航天产品每公斤的成本就要10万美元，所以我们都在追求轻量化、轻型化。它在结构上要求特别精准，各部件都采用极限设计，这也对产品制造提出了相当高的要求。

蒋：
发射现场一般没有您的任务了吧？

高：
发射现场主要是组装的活儿，如果现场人员来找我们干焊接的活儿，应该就是有问题了。
1996年，有一次半夜2点，我们院办给我来电话，说在基地准备发射的"长征三号乙"火箭出了故障。解决方案一是上箭补焊。苏联有过这种做法，但最后箭毁人亡。这个方案被否了。方案二是把火箭发动机拆下来，可当时火箭里已经加了燃料，拆下来就废了，损失非常大。方案三是用仪器设备检测，那样会对火箭控制系统产生影响，也不可行。

我出了个方案——物理检测加地面旁证。当时凌晨4点多，我出了会议室，马上做试验，因为我们得在5天内得出结论。我们连续干了三天三夜，做了几百次验证性试验，又派人到基地做物理检测。最后，我们的试验结果是那个故障不影响发射。

蒋：
"天问一号"发射成功后，您在现场是怎样的感受？

高：
经过多年历练，我高兴之余略显沉稳（笑）。只要发射圆满成功就好，这是最大的愿望。

来不及过多兴奋，缓口气，我们就要去准备下一发发射更精准的火箭了。2020年的发射任务很重，不像20世纪80年代，发射成功一次可以高兴一阵子，现在是紧接着要进场忙下一发。

从专业的不成熟到成熟、心理的不成熟到成熟，达到这种境界，需要自身不断地努力和感悟

蒋：
今年以来，新冠肺炎

高：
还好，我们整个院里3万多人没有感染的，所以工作

疫情影响了很多人的生活、工作乃至心态,对您的工作有影响吗?

照常进行,我们从大年初二就开始上班了。2020年的发射任务很重,预计要发射40发火箭,是继2018年的37发之后的又一个"发射之最"。

蒋:
您58岁了,还在一线亲自焊接?

高:
是的,我最近在干的是"长三甲"系列和"长征五号"两型火箭。

蒋:
焊接对体力、视力有相当高的要求。您58岁了,有没有感受到身体机能下降带来的影响?

高:
目前还好。

蒋:
这项工作压力这么大,您如何能几十年坚守一线?

高:
党中央、国务院提出要造就一支有理想守信念、懂技术会创新、敢担当讲奉献的产业工人队伍,尤其在大的难题、大的风险面前,要敢担当、讲奉献。

为什么我们在培训新人时,要让他们看《士兵突击》《亮剑》?就是要让他们从中体会"狭路相逢勇者胜",让他们遇到难题,想到的是"怎么着我也要攻下来"。这不是一个人的事,是行业、国家赋予你的责任,要担当,要奉献。就像军人,无论抗击疫情,还是抗洪救灾,最危险的时候都冲在最前面。

蒋:
所以,在您这里,担当和奉献绝不是口号,真的是浸在骨子里的。

高:
是的。也只有敢于不断地接受挑战、攻克难题,才能让自己的技术不断得到提高。

蒋：
您的火箭发动机焊接技术在全世界处于怎样的位置？

高：
我们的火箭制造水平在第一阵营。当然，个人技术所能达到的高度也依托于国家航天业的整体水平。如果把中国航天技术跟世界对标，我国的"长征五号"系列运载火箭可以列入三强。未来对重型航天器的要求将更高，我们将在这方面投入更多研发和制造力量。

蒋：
对个人而言，拥有高超的技术取决于什么？

高：
技术水平、心理素质。从专业的不成熟到成熟、心理的不成熟到成熟，达到这种境界，需要自身不断地努力和感悟。

蒋：
职业很多时候会塑造人。是不是干了40年对心理素质要求特别高的火箭发动机焊接工作后，您遇到任何情况都比较淡定、沉稳？

高：
关键还得通过不断学习、不断进步，来练就胆大、心细的品性，这样才有足够的应对任何复杂问题的底气。

以积极向上的姿态去奋斗，像火箭一样燃烧自己，不断超越自己

蒋：
您小时候身边有没有一个榜样，让您觉得想成为他那样的人？

高：
我想成为我娘那样的人。周围人都夸她心灵手巧，她一天一宿就能缝出一身棉衣来。

蒋： 您是不是从小也特别爱干活儿？

高： 我5岁就会蒸馒头，而且蒸得又白又暄腾。虽说我娘教过，但我在做的时候还会去琢磨。比如，面发酵以后要放食用碱。放多了，面黄；放少了，面发酸。我会闻面团的味儿，然后判断碱放得合不合适。因为我馒头蒸得好，我娘逢人便夸我，街坊邻居也都夸我。这对我是极大的认可，也鼓励我以后做事都勤动脑、多琢磨。

蒋： 做馒头和搞火箭发动机焊接是一样的，动手和动脑相结合，才能干好。除了勤劳，您母亲还在哪些方面对您影响很大？

高： 我5岁时父亲去世，10岁前没穿过新衣裳，每学期2.5元的学费还要申请减免。虽然家里穷，但我娘说过的三句话成为我一生的财富："人穷志不短，从小立大志。""做人不要让人戳脊梁骨。""做事要让人竖大拇指。"

蒋： 您小时候立了什么大志？

高： 干航天。

1970年的一天，我娘兴冲冲地把我们兄弟几个都拉到街上，说天上有咱们国家发射的卫星。当时我7岁半，很好奇卫星是怎么飞上天的。我娘说，"你长大后就知道了"。

长大后我才知道，那天发射的是我国第一颗人造地球卫星"东方红一号"，我国也因此成为世界上第五个能独立发射卫星的国家。我也才明白，我娘当时兴奋是一种民族自豪感的流露。

我家附近就是第七机械工业部第一研究院火箭总装厂，是干航天的。每天看到穿着工装的大哥大姐们下班从里面出来，我就特别崇拜。我想干这行，后来还真就干上了。

蒋：
能从事自己向往的职业是件特别幸福的事。那个年代进工厂、当工人是很光荣的事。

高：
我是在尊重工人、崇尚劳动的社会氛围里长大的。初中毕业时，我以全班第一、年级第二的成绩考上了第七机械工业部的技校。当时进工厂当产业工人，是很让人羡慕的。

蒋：
现在，可能很少有孩子的志向是当个工人。

高：
现在有些人对劳动的理解弱化和窄化，认为脑力劳动才是高尚的劳动，当工人不那么体面。其实成熟的社会是由不同类型的劳动者共同推进、共同提高的，不能光偏重哪一方面。

尤其值得重视的是，现在的孩子在知识性学习方面所投入的时间远远超过劳动性学习，很少通过劳动实践解决问题、获取新知，社会上甚至还出现了一些鄙视劳动、不尊重工人的现象，这有点令人担忧。

蒋：
近年来国家越来越重视劳动教育、提倡工匠精神，也是在营造尊重劳动、崇尚劳动的氛围，争取培养更多高技能人才。

高：
劳动是创新的源头。如果没有通过劳动去发现问题、解决问题，那么，在创新链条里必然会出现巨大的空白，直接影响社会的进步和发展。因此，加强劳动教育非常必要，甚至很迫切。

蒋：
作为一名大国工匠，您如何理解工匠精神？

高：
工匠精神就是长期努力地专注于一个领域，核心是精益求精，这是全社会广泛需要的。具有现实意义的工匠精神，是在单位时间内追求极致和完美，而不是一味地"慢工出细活儿"。

蒋：
您强调"单位时间内"，是不是跟您从事的航天业有关，有着只争朝夕的紧迫感？

高：
是的。有个项目俄罗斯干了6年，我们1年就获得了突破，靠的就是成体系的人才建设、核心瓶颈的突破，尤其是把国家利益放在第一位。

蒋：
可否用一句话概括您成长为一名大国工匠的秘诀？

高：
加强理论和实践的结合，迅速捕捉矛盾点、瓶颈点，并加以解决，不断以积极向上的姿态去奋斗，像火箭一样燃烧自己，不断超越自己。

年轻人刚去一个单位，一定要把握好"第一次"，这是建立信任的关键

蒋：
您最初在工作中是怎么冒头的？如何把握好职业生涯中的第一次机会？

高：
年轻人刚去一个单位，一定要把握好"第一次"，这是建立信任的关键。
我读技校的时候，在火箭发动机车间实习期间就表现突出。后来，我没有被分配到发动机车间，车间领导硬是找有关部门把我要了回来。到车间报到那天，党支部书记对我说："我们珍惜你是块材料。"从那时起，我就暗下决心，一定要干出个样来。

刚工作那会儿,有一次,车间6米多高的暖气管道需要人上去修,我二话没说就上去了。人家说,这小伙子行,敢冲敢闯能担当!这就建立了信任。

再往后,攻坚克难时你一次次冲锋在前,领导就觉得大事面前非你莫属,不断给你提供接受挑战的机会。不要把挑战当成负担,挑战越多,机会越多,担当一步,奉献一步,发展一步。

蒋:
您当徒弟的时候,也特别出色吧?

高:
其实我刚工作的时候,由于车间人员流动加快,两年内带我的师傅换了四五位。有人觉得这样是不是就废了,但我正是在这种特定的条件下,充分把握住了师从多门的机会,汲取了各家之长,为今后的成长打下了坚实的基础。

蒋:
您是多长时间出师的?

高:
别人一般要3年出师,我只用了一年半。当时的师傅给我做担保,这是对我巨大的信任。

后来我干出来的活儿看上去比师傅的还漂亮,但这是在高度认真的态度下操作后的表象,我不能沾沾自喜,还需要对工艺内涵进行理解和把握。像汽车发动机,外表看起来都差不多,为什么别人做出来的能用10年,你的只能用三五年?这就是内涵的区别造成的性能和可靠性的差别。现在我国的火箭制造技术水平排到世界前列,而飞机制造技术还与国际最先进水平差一大截,需要在内涵上进一步提高。

蒋:
提前一年半出师是怎

高:
我一面虚心向老师傅求教,一面勤学苦练,就连吃饭么做到的?

时也拿筷子练习送丝的动作,端着盛满水的缸子练稳定性,举砖块练习协调性,举铁块练耐力,还会顶着高温观察铁水的流动规律。

蒋:
练基本功挺苦、挺枯燥的,如何让自己坚持下去?

高:
个人要树立目标,持续努力,团队也会创造"比、学、赶、帮、超"的环境。比如瞪眼,我们就比着瞪(编者注:焊接时要求长时间不眨眼)。
从入职开始,就要有理想。人这一生得干点什么事儿,不能随波逐流。人生有理想跟没理想是不一样的,有理想才会有追求、有信念。有的人跳来跳去,半瓶子醋,最后什么都没做成。

蒋:
要成为一名优秀的焊接工,必须具备的基本素质是什么?

高:
对于制造火箭"心脏"的特种熔融焊接工来说,最考验的就是稳定性、协调性和悟性。稳定性与协调性需要苦练,悟性则需要将物理、化学、数学、力学、冶金等方面的知识融会贯通。

蒋:
学技术大多从模仿开始,您如何看待模仿和创新的关系?

高:
刚入行时更多的是模仿,但在模仿的过程中一定要问"为什么"。
我师傅说,要成为一个好工人必须上 4 个台阶:首先要干得好,还要明白为什么能干好,要能说出来,并且还要能写出来。

蒋:
年轻人要树立自信,除了自己的努力,还

高:
25 岁的时候,我第一次被某型号火箭的总设计师邀请参与攻关。当时面对老总(编者注:指总设计师),

有来自前辈或领导的鼓励,有没有让您印象深刻的被鼓励的经历?

我紧张得满脸通红、满头大汗。老总说:"只要你说得对,我们就照你的办!"这话给了我很大的信心。后来,这次攻关成功了。

这辈子没"缴过枪"。这不仅需要技巧、方法,还要"顽强、毅力、忍耐、坚定"

蒋:
40年来您执行过的最苦、最累的任务是哪一次?

高:
最累的是1996年执行国家863计划的一个项目,制造"长征五号"运载火箭发动机的前身。当时面临巨大的技术瓶颈,发动机核心部件泵阀的波纹管组件质量不过关。发动机被称为火箭的心脏,泵阀则被称为心脏中的心脏。关键问题是焊接结构的可达性和材料的可焊性没有达到要求。当时国防科工委亲自下令调集全国力量来攻克这个难题,要求在一个月内突破,主导攻关的担子压在了我身上。

我连续近1个月每天熬夜加班,最少的时候一天只睡1个多小时。刚开始我每天干到夜里12点,干了两三天没进展,然后每天干到凌晨两三点。一周以后,跟我配合的两个试验工熬不住了,要求回家休息,说身体实在吃不消了。我让他们先回去,打压试验我自己来。

蒋：

就剩您一个人？

高：

我一个人干，必须拿下来！后来我一直干到早上5点多，然后回去稍微休息会儿，洗漱一下，吃点早饭，8点又正常上班。每天早上8点，发动机总工程师都会到现场来看进展，所以我每天都要面对他期待又焦急的眼神。功夫不负有心人，经过一个多月的努力，我们终于拿出了全套合格的波纹管组件。

蒋：

那一刻是什么心情？

高：

如释重负。

蒋：

在极度疲劳和巨大压力之下，您为什么能熬得住？

高：

责任感、信任感、荣誉感。我们的项目立项都是按年头来的，集团有指示，要求年底之前必须实现该型发动机的试车，并力保实现发动机的"三转一把火"，如果年底完不成，就得拖到下一年了。所以我心中有强烈的责任感，不想多耽误一年。而且领导把这个艰巨的攻坚任务交给我，是对我的信任，我不能辜负。我们攻坚克难是为中国航天事业的发展作贡献，为国家作贡献，有无比的荣誉感。

蒋：

所以您能不断地突破生理的极限。反过来说，高超的技术也正是在这样一次次突破极限的过程中磨炼出来的。

高：

2019年，我挑战了一个新的极限——为新一代"长征五号"大运载火箭焊接发动机。新一代"长征五号"火箭发动机的喷管上就有数百根直径几毫米的空心管线。管壁的厚度只有0.33毫米，焊工需要在上面进行3万多次的精密焊接操作。焊缝细到接近头发丝，焊接时得紧盯着，不敢眨眼。

蒋：
您能多长时间不眨眼？

高：
完成一道工序最长大概需要 10 分钟不眨眼。

蒋：
人的意志力是可以超越生理极限的，航天本来就是个"极限项目"。

高：
的确，航天领域本身在精度、材料等很多方面都达到了极限。比如火箭一点火，燃烧的温度就在 3300 摄氏度以上。

蒋：
这意味着高难度、大挑战，也意味着会在一次次失败中摸爬滚打。

高：
没成功之前都是失败，好几次我们都与彻底的失败擦肩而过。成功与失败只有一步之遥。正如我刚刚所说的，成功就是差一点点的失败，失败就是差一点点的成功。无数次的失败造就了成功，所以要顽强、有毅力、坚定、能忍耐。

蒋：
能否说说您印象深刻的"差一点点失败"的例子？

高：
2007 年 9 月，在"长征五号"运载火箭研制的关键时刻，发动机内壁在试车时出现了烧蚀现象，现场专家紧急向我求援。当时他们是在山沟里试车，我赶到现场。操作台 10 米开外就是易燃易爆的大型液氢储罐。原本不允许在试车台上补焊，因为动火有很大的风险，但那次别无他法，只能把全站的人都疏散了，然后我冒着巨大的风险补焊。当时，故障点无法观测到，操作空间异常狭小，仅能硬塞一只手臂进去，我只能凭着多年的经验进行盲焊。

我下午 1 点进场，5 点前要完成。可到下午 4 点半，我还没有取得突破。发动机总设计师上来给我们鼓劲儿，他也是冒着巨大风险上来的。他说，这是国际级大考，如果成功的话，我们就跟国际水平在同一条线上了。

蒋：
当时您心里怎么想的？

高：
当时我真是挥汗如雨，全身都湿透了，心理活动非常复杂，想着如果完不成，前半生的荣誉都毁于一旦了。

终于赶在太阳下山之前，我成功地完成了抢险任务。老总说要请我到王府饭店吃饭。我说，不用了，以后少给我点这样的"国际级大考"就行了（笑）。

蒋：
研制工作不光是苦和累，有时候还得冒巨大的风险。

高：
在完成任务过程中，我曾多次负伤。在研制"长二捆"运载火箭时，航天部在航天一院专门设计建造了亚洲最大的全箭振动塔，其中振动大梁的焊接是关键。焊件表面温度达几百摄氏度，连续不断地在高温下操作，使得我的双手被烤得发干、发焦、发煳，鼓起了一串串的水疱。可为了按时保质完成任务，我咬牙坚持着，终于出色地完成了任务，但我的手上至今还有因严重烤伤留下来的疤痕。

除此以外，我的鼻子缝过针，头部也受过伤，经过三次手术才把里面的异物取出来。而胳膊里黄豆大的铁销钉，由于贴近骨头，至今无法取出。

蒋：
遇到巨大的困难、压力乃至危险的时候，更重要的可能还是自己给自己鼓劲儿。您是怎么鼓励自己的？

高：
任何探索过程都不是一蹴而就的，尤其我们的很多工作都是前人没有做过的，或者国外有人做过但技术是封锁的，所以要努力从细微的变化中看到成功的希望，不断放大希望，将一点点的可能性逐渐扩展。

蒋：
现实生活中很多人可能会把困难放大。

高：
我们有同事去一个地方执行任务，后来没成功，就说那儿风水不好。我说，不信神就信真理。

蒋：
您最佩服自己的是什么？

高：
这辈子没"缴过枪"。这不仅需要技巧、方法，还要"顽强、毅力、忍耐、坚定"，这是我们院（编者注：中国运载火箭技术研究院）的院魂。

蒋：
您是怎么做到没"缴过枪"的？

高：
能熬。我们家从来没有人谢顶，就我，这应该跟长期的紧张、劳累有关。

不管在单位还是在家里，我都是最能熬的人。我母亲6月份过世，101岁，住院10个月，白天我在单位忙，夜里陪她。最难、最苦、最需要责任心的事我来干。

有种站在世界科技之巅的感觉。只要努力，我们技术工人也能跟科学家在同一个平台上交流，在某个交汇点合作

蒋：
如果一直待在舒适区，

高：
跟丁肇中的那次合作。

是无法体会突破极限的成就感的。最让您有成就感的是哪一次任务?

2006年11月底,丁肇中领导的由世界16个国家和地区参与的AMS-02暗物质与反物质探测器项目在制造中遇到了一个大难题。他们之前找了国内外共二三十位项目设计、策划论证人员,提出的方案都没能通过国际联盟总部的评审认可。后来丁老点名希望我能去帮忙。

这个项目将使人类对宇宙的探索跨入一个新境界。当时我们院长说,我们自己的任务再紧张,也必须放人。这是一个国际合作项目,不能给中国人丢脸,不要给中国航天人掉链子。

我去之前不知道具体是啥难题,真是压力巨大。别人刚开始看到我这么一个不起眼的人,也没拿我当回事儿。

蒋:
您是怎么让他们刮目相看的?

高:

到了现场,我才了解到,这个项目的探测器用的是液流氦低温超导电磁装置。这个装置将搭乘美国"奋进号"航天飞机到国际空间站探测3年以上,它的磁性是永磁体的10倍以上。之前采用的永磁体曾经探测了8天,没有得到很好的结果。问题是用任何形式都无法将其密封,只能焊接。这个装置由几百个特种异形阀组成,结构十分复杂,要实现绝对无变形焊接,看似是不可能完成的任务。

我用了一天半的时间开展基础性调研,并听取了对之前两个方案的详细介绍,随后"一、二、三、四、五"逐条阐述了我的看法和方案,获得了各方专家的一致认可。后来,我被委任以美国国家航空航天局(NASA)特派专家的身份,督导项目实施。

蒋：

台上一分钟，台下十年功。您看似手到擒来地破解了这个大难题，背后靠的是什么？

高：

现场能提出突破性的见解，还是靠知识、经验的积累。当时，该项目低温超导部分的主设计承建方上海交大的一位领导就说："你为什么来了就能解决问题？你既有深厚的理论基础，又有丰富的实践经验，你从两个角度看问题。看来高技能人才是大有用武之地呀！"

蒋：

这是您独有的优势。

高：

1997 年我们去俄罗斯访问。当时一个大学的校长说，假如有这么一种人，理论顶尖，实践顶尖，世界将不是现在的样子。当然这是一种理想境界，"双顶尖"很难实现，但对个体来说，还是可以通过不断努力、不断学习，无限接近这个目标的。

蒋：

解决类似难题，您遵循什么样的思路？

高：

一个是政治敏锐性，对人类、对国家、对行业的发展方向有个把握，像这个项目就代表着人类在探索宇宙；另一个是职业敏感性，发现问题，解决问题。

蒋：

协助像丁肇中这样曾获得诺贝尔奖的大科学家解决难题，是种什么样的感受？

高：

有种站在世界科技之巅的感觉。只要努力，我们技术工人也能跟科学家在同一个平台上交流，在某个交汇点合作。

蒋：

的确，高技能人才大有用武之地。

高：

你的建议足够专业，你的技能足够高超，别人自然尊重你、信赖你，甚至愿意跟你成为朋友。这些年来，在攻坚克难完成各项任务的过程中，我跟很多科学家、院士、型号总设计师以及领导等都成了好朋友。

对于"有本事就有脾气"这句话,我高度不认可。我见过像丁肇中、杨振宁这样的大师,还包括有些部长、老总,有人以为他们气场得多强、人得多难接触,但其实并不是那样,他们都很谦逊。

只有当人生追求和国家、民族的需求同步时,才能真正体现出自身的价值和人生的意义

蒋:
您18岁参加工作,40年来几乎得到了一个工人所能得到的所有最高荣誉,您最看重的是哪个?

高:
我最看重的可能是"全国劳动模范"和新中国成立70周年"最美奋斗者"这两个称号。全国劳模是对一个劳动者的最高褒奖,而"最美奋斗者"是与很多新中国成立70年来作出过巨大贡献的人站在一起。

蒋:
40年来您一直在同一个厂、同一个车间,干着同样的工作。一辈子只做一件事,会觉得枯燥吗?

高:
我为什么没有出现岗位"审美疲劳",就是因为技术上有无限的追求空间。干每项工作都是学习的过程,保持积极向上的心态,用心追求每天的小目标,再从小目标到大目标。每天要学的、要深挖细做的很多,时间都不够用,就不会感觉是重复性劳动,不会感觉枯燥。不过,我也想过转管理岗,可领导找我谈话,说"咱们企业里领导有几百位,但像你这样特别突出的技能人才就一位"。

蒋：

在一线技术岗位干得好了转到管理岗，有人觉得这是对人才的重视，也有人觉得这是对技能人才的错置，您觉得呢？

高：

关键还是人尽其才、物尽其用吧。像钱学森，他是中国运载火箭技术研究院院长，后来主动要求当分管技术的副院长，因为当院长要处理方方面面的很多事务，不是他擅长的。

对我来说，如果竞聘管理岗位，视野可以从专业领域拓宽到更大的范围，没走那条路我还是有点小遗憾。

蒋：

听说有企业出高薪挖您？

高：

有不少企业想挖我去的，但我觉得航天领域是一方沃土，我的人生价值可以在这个平台上最大化。那些企业包括国外企业，它们瞄准了我的一技之长，但我不想把自己变成一个挣钱机器。我们在国家航天单位工作所能获得的民族荣誉感、国家荣誉感是在其他单位尤其是在国外工作的人不可能有的，而国家的发展就依赖于每个人价值的最大化。

蒋：

让您40年来努力做好焊接这一件事的最大推动力是什么？

高：

还是因为有责任感、信任感、荣誉感，所以能做到爱岗敬业、无私奉献。奉献永远是一个国家、一个民族具有向心力、凝聚力的原动力。人不能没有追求，只有当人生追求和国家、民族的需求同步时，才能真正体现出自身的价值和人生的意义，否则就只是活着。

蒋：

您在什么时候会真真切切地感受到国家荣誉感和使命感？

高：

火箭发射成功的时候，因为那个产品是我们制造的。

做好本色就行。"本色"就是勤劳、勇敢、智慧、善良、善解人意、乐于助人

蒋：
您先后攻克了航天焊接的多少项难关？

高：
200多项。每当难关取得突破时，特别是攻克巨大的难关时，我特别能感受到工作的乐趣。
当然，攻坚克难也特别累，但我是班组长，我的状态会影响到整个团队，再苦再累，我都会干劲十足地出现在工作现场。

蒋：
您当了15年的班组长，现在的年轻人好带吗？

高：
前些年，我们班组的年轻人觉得当工人有点抬不起头来。这几年有改观，这和国家日益重视对技能人才的培养、对工匠精神的弘扬有关，也与航天事业蓬勃发展带来的职业荣誉感有关。

蒋：
您也带了很多徒弟，最希望徒弟从您身上学到什么？

高：
对做人的理解，以及对事业的专注、投入、执着，还有时刻准备吃苦的精神。只有不断努力、追求极致，才能不断获得成长。我平时不会去要求徒弟必须怎么做，而会以身作则去引领。
曾经有徒弟跑来问我，怎样才能留在"高凤林班组"？我告诉他，做好本色就行。"本色"就是勤劳、勇敢、智慧、善良、善解人意、乐于助人。

蒋：
做人即做事。

高：
人的质量决定产品的质量。任何先进设备，都是人的能力的延伸，都需要人来控制。人需要长期地专注和投入，以让产品达到最佳状态。

干这份工作，有荣誉感、自豪感、获得感、幸福感。作为一个普通的工人，值了

蒋：
职业生涯中有没有让自己遗憾的一件事，如果有重启键，希望重新来过的？

高：
如果可以重启，我想读高中、考大学。工作以后再读书，太辛苦了。25岁的时候，我利用义务献血后的两周假期来复习迎考。我能熬，那时候瘦到只有106斤。

蒋：
您26岁学机械制造与工艺，拿了大专文凭，38岁又去学计算机科学与技术，拿了本科文凭。这两次学习的收获如何？

高：
一个好的技术工人既要具备高超的实践技能，专注实干，还要运用深厚的理论知识，开拓创新。没有这两次充电，我肯定无法达到现在的技术高度。

蒋：
我跟我儿子谈起您高超的技术时，他问了

高：
一切科技的发展都是以人为本、由人创造的，一切设备都是人的能力的延伸，因为机器人的能力都是人赋

个问题,说,您的技术比机器人还强吗?在"00后"的眼中,可能会觉得机器人是最厉害、最精准的。您如何看待机器人这个"对手"?

予的,而且离不开人的创造性思维的推进。

像我们早前引进的一些自动化设备,对焊接产品的限制条件很苛刻,要求发动机导管的焊缝对接间隙在 0.08 毫米以下、错边量在 0.03 毫米以下。发动机上的导管形状弯曲复杂,设备难以满足这类产品的焊接需求。但我认为,用知识和经验完全可以拓展设备的"极限"。后来,通过我们不断试验、摸索,对焊接过程进行优化,使得设备对产品的适用范围大大增加。

蒋:
未来机器人有没有可能完全取代人工焊接?

高:

焊接是不均匀的加工过程,对于技术要求很高。在几千摄氏度甚至上万摄氏度的高温条件下,面对材料、内外应力等的变化,如何选择技术方案,都是对操作者的考验。所以,我们这行出了很多工人工程师。这也意味着,要实现自动焊接的话,对设备的要求也非常高。

设备把人从重复性、体力性的劳动中解放出来是大方向,可以使人的智慧能力向更高水平迈进。高端智能化就是在拟人的道路上不断推进,但要在某一个节点上完全代替人,还有很长的路要走。而要真正达到人的状态,不可能,人永远是第一位的(笑)。

蒋:
从您的思维方式来看,我觉得您是一个很有大局观的人。

高:

其实就是抓核心、抓关键,从整体把握。

我做事不会以个人利益为出发点,而会以自己真正能发挥作用为出发点。如果目光短浅,为了钱我早走了。我会从专业角度看,哪个更有意义、更有价值?留下来有无限广阔的发展空间,这是核心的因素。我对收入也从来不计较。我 1993 年开始担任班组长,但我就没拿到班组里最高的收入。无论在企业，还是在家里，都要把目光放长远，不能老纠缠在一些小事上，要创造和谐、包容的氛围，要担当，要奉献。

蒋：
做人做事，家里家外，生活工作，都是相通的。工作那么忙，您留给家庭的时间是不是特别少？

高：
我年轻时追着难度跑，在参与攻克一个个难题的过程中获得提升。有了一定的本领后，方方面面的人来找我，各类研制任务、型号攻关分析会、人才培训会等，都参加不完。所以说，我把80%的时间给了工作，15%的时间给了学习，5%的时间给了家人。

蒋：
很多人会因此觉得对家人有亏欠，您呢？

高：
也有。但对老人、对孩子、对妻子，该有的关心、该照顾的，我也会尽可能地去做。虽然陪孩子的时间不多，但孩子成长的关键节点我都会关注并提出自己的意见。女儿从小学钢琴、奥数都是我拿的主意。

我虽然没时间多陪伴家人，但我以另一种方式深深地爱着他们，用我对自己、对事业的极端负责，赢得了家人的理解与尊重，也为孩子做了榜样。孩子跟我也很亲。

蒋：
所以，这40年，对您来说，苦在其中，更乐在其中。

高：
我们这个企业不见得收入最高，但国家在不断为我们搭建更好的激励平台。干这份工作，有荣誉感、自豪感、获得感、幸福感。作为一个普通的工人，值了。

印象

一个"能熬"的航天人

蒋菡

2020年7月15日,刚做完全国产业工人学习社区第一场直播的高凤林与我进行了第一次对话。那场直播的主题为"从工人到工匠"。他的台风很稳,面对镜头一点儿不怵。职业很多时候会塑造人,40年一次次地攻坚克难,磨砺出了他沉稳、淡定的气质,也沉淀为他自信、自豪的底气。

发动机是火箭的心脏,高凤林是焊接这个"心脏"的中国第一人。他是航天特种熔融焊接工,"长三甲"系列运载火箭、"长征五号"运载火箭的第一颗"心脏"都经他手中诞生。

第一次近2个小时的采访,话题好像还没展开,时间就过去了。40年里的精彩故事,两天两夜恐怕都讲不完。如果用一个词来形容他所经历的,我想到的是"波澜壮阔"。面对面,我能从他侃侃而谈的叙述中感受到他对这份工作的热爱,以及这份工作给他带来的成就感和幸福感。

高凤林的荣誉清单很长。这一道道光环的背后,是久久为功。他的手,至今还留着烫伤的痕迹。他开了他们家族"谢顶"的先河——在谈到长久面对压力以及不断突破极限的努力时,他低下头,指着头顶稀疏的头发说:"我们家从来没有人谢顶,就我。"这也是这次对话中,深深打动我的画面。

这个世界上,从来没有随随便便的成功。

高凤林最佩服自己的,是"这辈子没'缴过枪'"。而没"缴过枪"的原因,是"能熬"。他熬过了一次次夜以继日的攻关，完成了一项项艰巨的甚至看似不可能完成的任务。无论有多难，他从未退缩过。在极度疲劳和巨大的压力之下，为什么能熬得住？是出于责任感、信任感、荣誉感，是敢担当、能奉献。如果说母亲的家训是他秉持的信念，那么为国担当和奉献则是持久的推动力。

在跟他聊的过程中，越聊越发现，那些听起来比较"大"的词汇，是早已渗透在他血脉中的。正是一个个"能熬"的航天人，一次次无惧风浪地迎难而上，才助推了中国航天事业的腾飞。

巨晓林

只有热爱才能干好事业

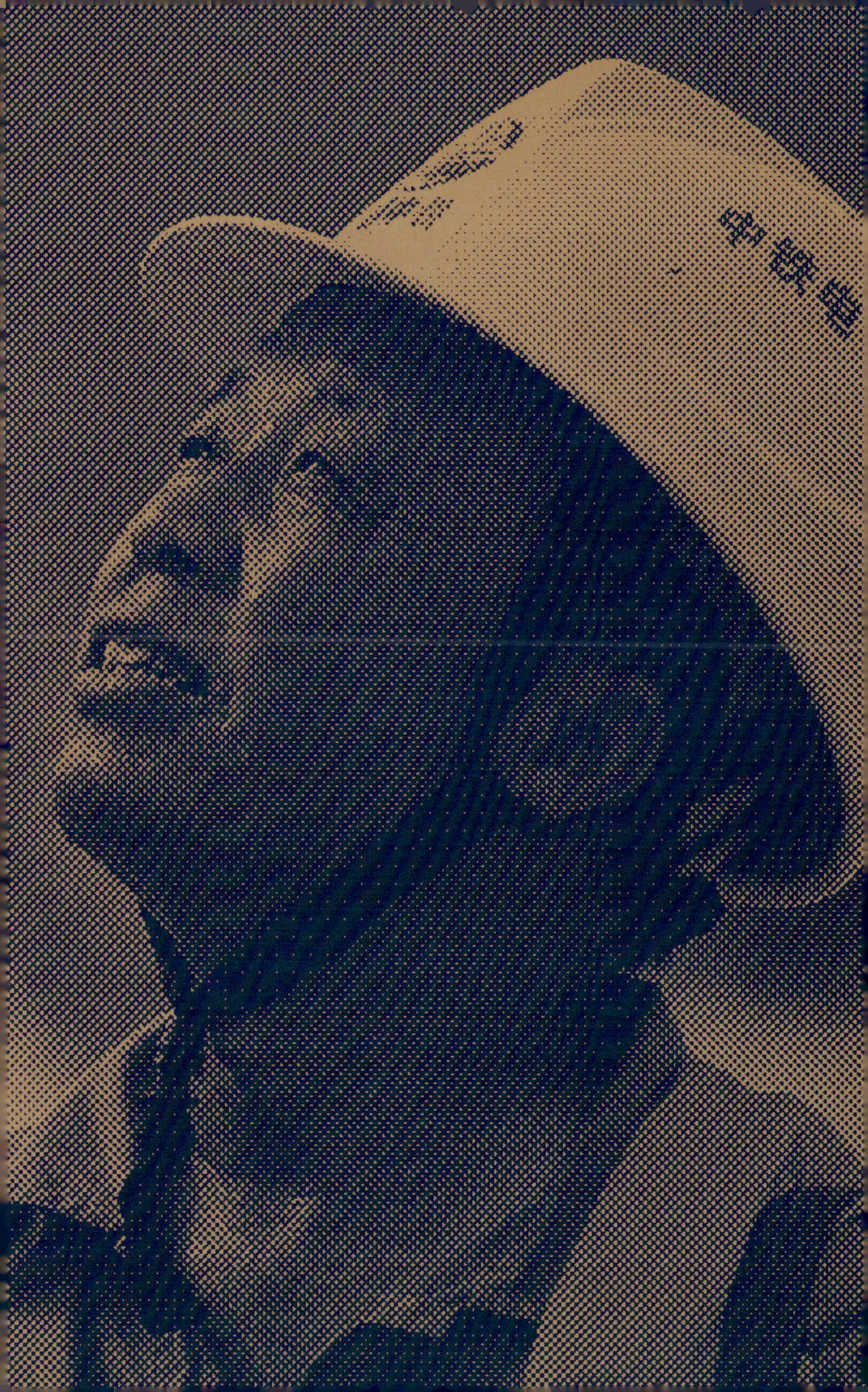

只有热爱,才能干好事业。 —— 巨晓林

巨晓林

中铁电气化局集团第一工程有限公司第六项目（高铁）管理分公司接触网技术员，中华全国总工会副主席（兼职）。随着我国铁路电气化事业的蓬勃发展，他从一名普通农民工成长为知识型工人、农民工楷模，不断改进原有的工艺、工法，创新施工方法百余项，提高了接触网施工的生产效率，先后参加了大秦线、京郑线、哈大线、京沪高铁等十余项国家重点铁路工程建设，为我国铁路电气化事业贡献了自己的力量。

1962 年 9 月
出生于陕西省岐山县

1979 年
高中毕业

1987 年 3 月
铁道部电气化铁道工程局一处三段二队接触网工

2001 年至 2002 年
中铁电气化局集团一公司三段二队接触网工

2002 年至 2003 年
息工在家

2003 年
中铁电气化局集团第一工程有限公司接触网工

2009 年
获得"全国五一劳动奖章"

2010 年
中铁电气化局集团第一工程有限公司接触网技术员，高级技师，被评为中央企业优秀共产党员、北京市劳动模范，获得"全国铁路系统火车头奖奖章"

2011 年
获得第十届中华技能大奖

2012 年
当选党的十八大代表

2015 年 1 月
补选为十二届全国人大代表

2015 年 4 月
获评"全国劳动模范"

2016 年
当选中华全国总工会副主席（兼职）

2017 年
当选党的十九大代表

2018 年
被中共中央、国务院授予"改革先锋"称号

2019 年
在新中国成立 70 周年之际，获得"最美奋斗者"称号

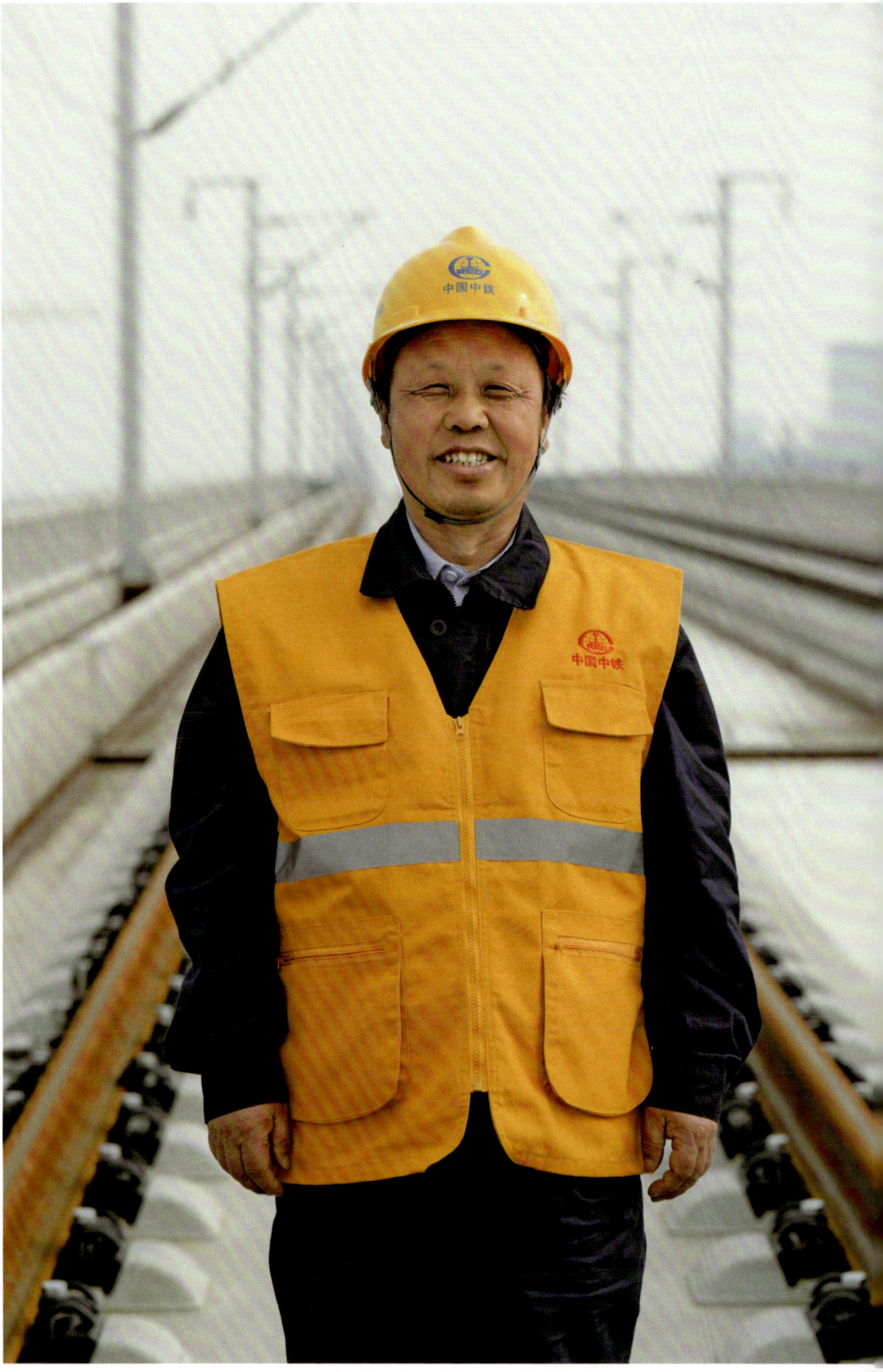
中国中铁
中国中铁

感兴趣的问题

1. 您现在还在一线干吗？
2. 成为农民工群体的楷模，是什么样的感觉？
3. 原本没有抓到一副好牌，怎样生生把它变成了一副好牌？
4. 《平凡的世界》对您意味着什么？
5. 危机感会成为一种不竭的动力，但"功成名就"之后，什么力量支撑您继续努力？

受访者
巨晓林

采访者
蒋菡

采访时间
2020年6月24日

"爱一行，干一行"比"干一行，爱一行"更佳

蒋：

您现在在一线项目部的时间更长，还是在公司总部的时间更长？

巨：

其实我大部分时间都在一线，因为工作室（编者注：指巨晓林国家级技能大师工作室）设在一线，项目到哪儿，工作室就跟到哪儿。工作室主要是发挥技术指导和人才培养这两方面的作用，必须以一线为阵地。在一线才能知道有什么问题，然后研究怎么解决问题、怎么试验、怎么推广。

我们公司从2018年3月开始参与商合杭高速铁路（编者注：指连接河南省商丘市、安徽省合肥市与浙

江省杭州市的高速铁路）的建设，所以最近这两年多来，我大部分时间在亳州，这一次从北京过来已经40多天了。再往前，2015年到2017年，我在石济线上干。2012年到2014年，我在常州干京沪线。铁路建设者就是这样，工地在哪儿，我们的"家"就在哪儿，四处漂。

蒋：
曾经有个铁路人跟我感慨，干铁路这行，漂泊感是很折磨人的。您每年能在家待多长时间？

巨：
今年因为新冠肺炎疫情，我在家待的时间特别长，从1月中旬待到4月中旬，整整3个月。以前基本上都是过年回去待20多天，但像2012年京沪线开通的时候，因为人员紧张，我一整年都没回家。我们的工作性质就是这样。我刚开始上班的时候不适应，过了一两年就适应了。

蒋：
您喜欢写诗，是不是也跟常年离家在外借此排解寂寞有关？

巨：
想换换脑筋，也寄托思念、表达思想。那些也不能算是诗，是感想。特别是想家的时候，我就会写点东西。从离家的那天开始我就想家，我们在外面打工的人都是这个状况。

干迁曹线那年，过年前车票特别难买，后来好不容易买到了，在回家的路上我写了一首诗。

回家过年（节选）

那么，那么遥远的路途。
那么，那么拥挤的人流。
那么，那么短暂的假期。
那么，那么贵又难买的车票。
还有，还有那么诱人的值日政策。

可是，可是我还是要回家，回家，回家。
回家，看看养育牵心的父母。
回家，亲亲贤惠辛劳的妻子。
回家，抱抱上学成长的孩子。

蒋：

在外漂了这么多年，错过了很多事吧？

巨：

我儿子和女儿出生时，我都没在家。干铁路这行，项目上忙，根本走不开，我也不好意思请假。我们是专业队伍，干的活儿代表着企业信誉，必须守在现场。2000年我父亲走的时候，我也不在家。父亲出事前的一个月，我刚在家休完假回到项目部，当时在干哈大线。父亲在家突然摔了一跤，就不行了。接到家里打来的电话，我赶紧买车票回去，但也没能见上父亲最后一面。虽然这事儿已经过去好多年了，但想起来我还有点后悔，早知道当初在家多待几天了。

蒋：

干这一行有没有后悔过？如果有机会重新选择，您最想干哪一行？

巨：

我不后悔干这一行。我小时候最爱听村里的铁路工人讲铁路上的事，我深受影响，对铁路很感兴趣，小学假期里还跑了30里地专门去看火车。我一直把当一名铁路工人当作自己的梦想。1987年，机会终于来了，我一干就是30多年。我现在仍然觉得，"爱一行，干一行"比"干一行，爱一行"更佳。所以如果有机会重新选择，我还是最想干铁路这行。

蒋：

作为一个常年缺席的父亲，孩子们跟您亲吗？您通过什么方式

巨：

我常年在外工作，我的两个孩子跟我真的很生疏，都是我媳妇长期陪伴他们长大。我大多是通过信件、电话、休假在家与他们交流的方式，帮他们解决一些书

蒋：
来弥补或者说来尽一个父亲的责任？

巨：
本上的难题。

2006年6月我在曹妃甸，我媳妇带着他们来到我工作现场，让他们看到了40多家媒体对我进行采访的过程。他们深受教育，彻底化解了对我长期不在家、整天忙工作等不理解甚至抱怨的情绪，而且很受感动，对我的态度来了个180度的大转弯，特别尊敬我。我一回到家，他们主动黏我，谈自己的学习及生活中有趣的事，问这说那，跟我总是有说不完的话。

蒋：
因为了解而尊敬，他们为您感到骄傲。您教育孩子时最常说的话是什么？

巨：
我最常说的是，不论做什么事情，只要你认真和坚持，就能做成。

不一样的人，不一样的境界，会拥有不一样的人生

蒋：
因为疫情待在家的3个月，您是怎么打发时间的？

巨：
我看了3本书，还把我编写的第四本《接触网施工经验和方法》改了一遍。

蒋：
疫情防控期间，有人恐慌，有人焦虑，您如何让自己静下心来读书、写书？

巨：
新冠肺炎疫情给人类带来了前所未有的重大挑战，有些人在抗疫一线冲锋陷阵，有些人出钱、出力协助抗疫，也有些人成天焦虑恐慌、烦躁不安；有些人更加自律，通过读书、学习不断提升自己，也有些人宅在

蒋：

有人觉得在灾难面前，人类显得特别渺小，也有人说原来觉得特别重要的某些东西，都显得不那么重要了，健康平安地活着最重要。您呢，这次疫情有没有引发您对人生的更多思考？

家里睡觉，消极等待……不一样的人，不一样的境界，会拥有不一样的人生。新冠肺炎疫情还在肆虐，我们没有其他路可走，只有做好自己，勠力同心！

巨：

坚定团结能战胜一切困难，要有奉献社会的精神。我们要珍惜白衣天使、警察、科学家、各方面工作人员舍生忘死、奋勇战斗换来的一片安宁，更加积极主动、认真和坚持做好自己的岗位工作，使我们的国家更加富强、繁荣、美好。

每干一个活儿，就要干到最好，当副主席也一样

蒋：

您当选中华全国总工会兼职副主席后别人一般怎么称呼您，巨师傅还是巨主席？您更喜欢哪个称呼？

巨：

各占一半吧。比较熟悉我的叫我主席，不太熟悉我的叫我师傅。我还是更喜欢别人叫我师傅，这是我们行业里的称呼，主席是另一个层面的职务了。不管哪个称呼，都是亲热的感觉。

蒋：

当选时，您是怎样的

巨：

当时我的第一个想法就是我能不能当好这个副主席？

心情?

每干一个活儿,就要干到最好,当副主席也一样。

我担心自己不能胜任。后来,单位领导跟我说:"你做了那么多创新,都是自己摸索出来的,你都能干那么好,而工会方面的资料是现成的,只要学,你肯定也能干好。"

的确,人要不断学习新东西,境界才能不断提高。当副主席,不能再局限于自己的专业领域,要拓宽视野,最起码要做到称职。我找了好多工会的资料来看,每天中午吃完饭看半个小时,坚持了两三年。

蒋:

从一名普通农民工成长为知识型工人、全国劳模、中华全国总工会兼职副主席,您是千千万万农民工的代言人,也是农民工楷模。如果成长有密码,您的密码是什么?

巨:

这些荣誉也好,职务也好,都是我刚工作时想都不可能去想的事。人就是要不断去奋斗,做好自己,然后为周围、为社会作贡献。在这个过程中,也能让自己得到更好的提升。

困难像弹簧,你弱它就强,你强它就弱

蒋:

我看过一篇您写的回忆您母亲的文章,您

巨:

关于父母的故事我写过10个左右。我1962年出生,那年仍是饥荒年,我出生时就发育不良,导致身体多还配了一幅画,从字里行间和一笔一画中,都能体会到您对母亲的深情。

病,是我们兄弟姊妹中身体最弱的一个,因此父母对我特别关爱。他们是勤劳、善良、智慧的人,是我自始至终说话、做事的榜样。我写的、画的都表达了我对他们的感恩之情,也鼓励自己过好自己的人生。

蒋:
父母用自己的一言一行感染着您,成为滋养您一生的最大财富。

巨:
是的,每个人受父母的影响都是最大的,我也是如此。

我父母都是农民,我们家的地是坡地,雨水不好的时候就没有收成,家里比较穷。而且我们家有7个孩子,这么多人要吃、要穿、要上学,经济压力很大。

我母亲不识字,但她很勤劳,做事有耐心,能坚持。全家人的衣服都是她自己织布缝制的。她经常纺线到深夜,我们都睡着了,她还在忙,有时候一直干到第二天早上。

我父亲是个非常乐观的人。我们家孩子多,每到交学费的时候都很困难,但我好像没见过他愁眉苦脸。他总是会去想各种办法解决,要么卖粮食、卖猪、卖鸡,要么找人借。他还非常爱画画,爱看书。这些方面都影响着我。

蒋:
当您遇到困难或挫折的时候,是不是也很少抱怨?您会怎么给自己打气?

巨:
困难像弹簧,你弱它就强,你强它就弱。抱怨无济于事,只能积极主动地学习、分析、探索、总结,然后解决困难。

蒋:
小时候您会因为家里穷而自卑吗?

巨:
记得《平凡的世界》里有句话,"他(孙少平)现在感到最痛苦的是由于贫困而给自尊心所带来的伤害"。

我感同身受。

有一件往事我刻骨铭心。那是 1971 年我上三年级时，"五一"国际劳动节，学校举办武术操比赛，要求各年级学生都要参加，并且要统一穿白色上衣、蓝色裤子，这可难倒了我。

我们家养了十几只鸡，它们下的蛋我们都舍不得吃，拿去换针线、盐，交学费、课本费，买写字的纸、笔，哪有钱扯布缝衣服。我从小到大穿的都是用母亲纺的粗布缝的衣服，而且是将棉衣摘了棉花套子，拆洗后变成单衣，单衣拆洗后又装上棉花套子做成棉衣。换季时，要等到放假或请假的日子，母亲没日没夜地赶制出来，我才能在上学的时候穿上。后来，我想找亲戚借衣服，也没借到，最后只好请假不参加。这件事让我印象特别深刻，从此我再也不乱花一分钱了。

蒋：
您小时候有没有什么特长或做过什么事情使您感到骄傲或者是有成就感的？

巨：
我小时候没有任何特长，只有父母对我点点滴滴的爱和他们的一言一行，使我深受教育，鼓舞至今。

我经历过很多挫折，挫折多了使我变得更坚强

蒋：
您 1979 年高中毕业。那时候，对一个农村

巨：
我经历过很多挫折，挫折多了使我变得更坚强。只有不断学习，练就技能，坚持进取，才能成功。

孩子来说，考上大学，可以用知识改变命运。高考失败是不是可以算您人生中一个比较大的挫折？

蒋：
打工是改变家里贫穷面貌的另一条路，您打的第一份工是什么？

巨：
泥瓦工。刚上班时，包工头安排我去筛两车沙子。我就老老实实地埋头筛，一上午就干完了。我后来才知道，这是别人干一天的量。我干那么快，别的泥瓦工不乐意了，只有包工头挺满意。

蒋：
后来呢？您有没有也放慢节奏，用跟其他人差不多的速度干活儿？

巨：
工班长是很公正的。他那天下午就给我安排了一个特轻松的活儿——整理工具库。结果是本性所致，我还是认真地去干。我对库房进行了全方位的精心设计，把工具进行了归类，并摆放得整齐有序，以便于领取，使工具库焕然一新。工班长对我大加赞赏，邀请我当他的学徒，指导我学技能。这段经历也使我真正懂得，做人要真诚、善良、勤奋和有智慧。

蒋：
不管干什么，都认真努力地干，不惜力，所以您能干一行就干好一行，包括后来当放映员。

巨：
1980年，村里想建个放映队，正好我哥是公社放映员，我跟他学过怎么放映电影，于是我就当上了村里的放映员。

放电影都在晚上，而那个年代的农村夜里老停电。当时市场上的发电机很贵，日本产的要2100元，根本买不起。我想起曾经在一本书上看到可以自制发电机，于是到书店买了一本《电工基础》，然后花了200多元买了电容器、电动机等器材，自己制成了一台发电机。用时我再找个拖拉机把电动机一带动,再也不怕停电了。我是东片区里第一个有发电机的放映员,挺吃香的。

后来,我又买了本《电影放映与维修》,学会了放映机的一般故障维修。书中还教了一个双手换片子的窍门,我就自己学着练,把换片子的时间从 50 多秒缩短到 24 秒。当时县里的 30 多个放映员中,只有两个人会这门技术。

我抓住这次机会,实现了当一名铁路工人的梦想,因此特别开心,也特别努力

蒋:
您小时候的理想是什么?

巨:
第一志愿是当兵,但个子小,没当成。第二志愿是当铁路工人,当上了。

1987 年,铁道部电气化铁道工程局招劳务派遣工,因为那时电气化铁路是特殊行业,要在火车运营的间隙或铁路线路 3 米以外施工,为了确保铁路运营安全,应聘人员必须是可信、可靠的人,所以是内招。我们村的王宪斌是这个单位的,当时这个单位的每个职工都有个招工指标,但他孩子那年参加高考,用不上指标,所以他就给了我。

蒋：
有这么好的机会，特别开心吧？

巨：
真是想什么来什么，我抓住这次机会，实现了当一名铁路工人的梦想，因此特别开心，也特别努力。

《平凡的世界》是我战胜一切困难的有力武器，我从孙少平的身上找到了在平凡生活中做不平凡的自己要走的路

蒋：
还记得第一天上班时的情景吗？

巨：
记得。那天除了生活用品，我还带了本《平凡的世界》去单位报到。上班之前，王宪斌师傅就跟我说，干电气化工作收入还可以，但生活艰苦、寂寞。我想，艰苦我不怕，寂寞可以通过看书来排解。我就跑到县城新华书店去买书，一进门就看见了《平凡的世界》的新书介绍。我仔细地看了看，是路遥写的农村青年孙少平的人生奋斗故事，正好跟我的经历很接近，我就买了。

报到那天，工长说，"你是唯一带着书来的派遣工"。他看我喜欢读书，爱记笔记，就把我从大屋子调到小屋子，和一个老工人住。大屋9点熄灯，小屋可以随时开、关灯。

蒋：
能有这样的特殊待遇，真是难得。

巨：
这样的特殊待遇，在2005年我又享受过一次。当时在唐山干迁曹线，项目部租的是一所小学的房子。那时我正在写第一本《接触网施工经验和方法》，就在学校的乒乓球台上写。项目部每天晚上9点熄灯，我就买了个节能灯。后来工长巡夜时发现我还在写东西，就规定我可以不熄灯。这个特殊待遇给了我很大的支持，使我在业余时间完成了第一本《接触网施工经验和方法》小册子的编写工作，这本小册子就是现在的新员工培训教科书。

蒋：
勤劳、勤奋的人，到哪儿都受尊重。《平凡的世界》对您来说意味着什么？

巨：
《平凡的世界》是我战胜一切困难的有力武器，我从孙少平的身上找到了在平凡生活中做不平凡的自己要走的路。故事主人公孙少平的生活很贫穷，但他很热爱生活，爱读书，有追求，意志很顽强。书中的好多人物、事情、情感就像发生在我的身边一样，有的像母亲的心温暖着我，有的像父亲的眼睛鼓励着我，有的像老师的话语引导着我。

书中的好多话语令我难忘和受鼓舞。比如"生活不能等待别人来安排，要自己去争取与奋斗""什么是人生，人生就是永不休止的奋斗"这些话语使我树立了不断奋斗的信念，至今都激励着我。

蒋：
在不同的人生阶段看同一本书，会有不同的感受，这本书您读过不止一遍吧？

巨：
第一遍看的时候，我觉得里面写的像是发生在自己身边的事情一样，从主人公的身上获得了奋斗的力量，对未来充满希望。其实，人最大的成功就是能不断激励自己，充满信心，即使碰到困难，也努力去解决，把难事变为好事。解决困难的过程是最值得留恋的。这回疫情防控期间我又读了一遍，主要关注的是其中写到的改革开放背景下时代是怎么变化的。因为经历过那个时代，我深深知道，干什么都要跟上时代的脚步。我有幸经历了我国铁路从普速到高速、从轻载到重载、从追赶到领跑的发展历程。我的进步与我国铁路建设分不开，我的成长与祖国发展分不开。我常跟年轻人说，只有把个人的梦想和企业、国家的发展放在一起，才能最快地实现梦想。

蒋：
您的梦想是什么？

巨：
我的梦想也在变化：刚开始是想挣钱，改善家里的生活条件，后来想把接触网施工工艺进行系统化的改进，现在是想把专业人才培养好、把专业技能传承好。

凭借智慧和顽强的意志可以扭转局势

蒋：
您个子小，在铁路一线干体力活儿不占优势吧？

巨：
刚开始工作时，我心里经常犯嘀咕：有些铁家伙特别沉，我可能拿不动，这活儿我可能干不了。
工班实行导师带徒制。1987年我们一起去到项目部的有4个人，由师傅挑徒弟。两个个子高的被先挑走了，我和另一个个子矮的剩了下来。后来师傅林鸿收了我这个徒弟，因为他看到我把操作标准都记下来了，装在兜里随时看，觉得我是个爱学习的年轻人。

蒋：
好记性不如烂笔头，这是个好习惯。

巨：
我总是随身带着本子，这是我在当放映员期间养成的习惯，那时候遇到一些重要的内容都会记下来。干电气化以后，我也会把施工的标准、方法及工作的问题、难点随时记录下来，仔细琢磨。一个工程下来，我就基本把涉及的岗位技能都学会了。

后来，我还会把工作中冒出的创新灵感、不断改进的点点滴滴都记下来。工作之余我就认真地去琢磨，好多技术创新就是这样琢磨出来的。如果不记下来，很容易就忘了。

干好一个活儿，光听人家说不行，要自己主动学，不断地去亲自操作、实践、总结。记日记是学习的一个好方法，我得到了很多益处。我编写的那四本书的内容，主要就来自多年来记下的 70 多本日记。

蒋：
如果说《平凡的世界》是您的精神支柱，那么笔记本则是您的成才秘籍。您现在还随时做笔记吗？

巨：
还保持着。除了用笔记，我也会在手机上或在电脑上记些东西。

蒋：
除了坚持做笔记，当初您学技术时还有什么窍门吗？

巨：
学技术没什么窍门，就是勤奋。除了白天跟师傅学，每天晚上我还坚持用一到两小时的时间学习，看专业书籍，记录工作要点，琢磨工作中遇到的问题。

刚开始，我跟别人一样，看图纸就像看天书，脑袋都发蒙。但没过多久，我就能看懂了。那时候，别人的徒弟去领料要问技术员拿啥，我一看图纸就知道要拿啥，我师傅为此挺骄傲的。

那时候大家说我们师徒是魔鬼搭档。我师傅1.85米的大高个儿，全班组最高，什么力气活儿都难不住他。我个头儿最矮，虽然力气小，但善于动脑。可能也正是因为个儿小，我会更用心地去琢磨怎么干活儿能少使劲，但能干得同样好，也促使我努力去创新。

蒋：
邓亚萍曾因个子小被认为没有培养前途。她为了弥补劣势，比别人跑得更快、打得更狠，形成了非常有威力的进攻型打法。

巨：
是的，凭借智慧和顽强的意志可以扭转局势。人生也一样，自己要设计好、选择好，认定方向后要认真干好、坚持好。

如果改变不了环境，就要去适应环境

蒋：
从2002年到2003年，您曾有一年息工的经历。当时您40岁，正是上有老、下有小的年纪，压力是不是很大？

巨：
当时单位没活儿干，正式工待岗，我们合同工就息工回家。当时我有一点失落，但也能理解，毕竟单位没活儿干嘛。遇到这样的事，抱怨也没用。

手上有技术，所以我不慌。我临走的时候，工长跟我说，"等有了活儿，再叫你回来"。后来，工长果真发电报叫我回去，当时一共叫了3个合同工，都是有技术、有绝招的。

蒋：
息工的那段日子你是怎么度过的？

巨：
如果改变不了环境，就要去适应环境。从1987年工作以来，我的时间一直紧紧张张的，回家也是在过年的时候，走亲访友挺忙的。那次息工好不容易放个长假，有了闲余时间，我就想把以往在工作中记录下的东西整理一遍。

这中间还有个插曲。我们家有一亩半的苹果园，冬天要给苹果树拉枝、剪枝。我息工回家了，可老在写东西，很少帮忙干活儿，媳妇不乐意了。她说都下岗了，写书有什么用。她把我带回去的3本日记烧掉了2本。她不明白，我记的都是平时创新的点点滴滴，好不容易有时间了，整理出来是有价值的。我很无奈，但也不好多说什么，那些年都是她一个人管家里的一堆事，我是亏欠她的。

可烧本子的时候，她看到里面夹了孩子和她的照片，知道我心里还是惦记着这个家的。而且她看到我的字迹那么潦草，想到我肯定是在困难的环境中写的，她也感受到了我的不容易和对工作的热爱。事实上，工作的头两年，我们住的是帐篷。后来租房住，4个人一间屋，上下铺，没有桌子，我写东西都是躺在床上把本子拿在手里写的。

当时我写了一首《冬天里》，在诗里表达了自己的梦想，也希望她能理解我。

冬天里
我把一个
最美妙

最美妙的梦
种在你的心田
盼望着
盼望着发芽、开花……

媳妇看了以后说,冬天能发芽吗?她把题目改成了《春天里》。这其实是她对我的支持。

蒋:
这是最浪漫的诗。

巨:
当时整理出来的材料,就成了后来我编写的《接触网施工经验和方法》第一册的主要内容。

蒋:
您靠努力拼搏,扭转了逆境。这套书后来也成了您职业生涯的一大亮点。

巨:
这套书的第一册、第二册是有关普速电气化铁路的施工经验和方法,分别写于2006年和2010年。2014年我出了第三册,是关于高铁接触网的施工经验和方法。第四册主要讲接触网预配。这册书我从2019年6月开始写,每天晚上从7点半开始,坚持写2~3个小时,有时写到零点以后,最晚写到凌晨三四点,写了4个多月。今年休假时,我又改了一遍。4本书共记录了143项创新施工方法。

2010年的时候,操作法的书已经出了两本。有领导了解到这个情况后说,"巨晓林干得这么好,应该转正,然后他可以更加安心地干活"。就在这一年,我转为了正式工。我当时就想,感谢组织的关怀,要继续好好干。要是干不好,没准能上还能下呢。

不论干什么事还是要坚持，坚持才是走向成功的最好路径

蒋：

对您来说，创新一直是进行时。

巨：

随着科学技术的不断发展以及工具、材料、技术的不断革新，我们接触网的施工方法也要不断革新。比如支柱整正，刚开始是用线坠校，后来用水平尺操作、经纬仪检测，现在采取模拟调整法，再用经纬仪检测，第一个支柱立好了，再把这个状态放到第二个支柱上，直接一立就可以了。这样不仅省时省力，还可以减少人工成本，保质保量。我们工作室就是以"省时省力省材料、保质保量保安全"为目标，对接触网预配、安装等工艺、工法进行不断探索、实验和总结，也是在"施工专业化、预配工厂化、管理信息化、检测科学化"的发展之路上不断突破创新。

蒋：

创新路上肯定也不是一帆风顺的，遇到困难怎么解决？

巨：

创新之路就是一条没有人走过的、比老路有优势的新路，肯定布满了密密麻麻的荆棘，充满着坎坎坷坷的险阻，要不早就有人走了。遇到困难是常有的事，要尽快认真解决。晚解决不如早解决。只要我们天天努力地走在探索解决的路上，总会到达解决的那一刻。2012年，我们QC小组提出做拉线集中测量、预制、安装技术的探索研究，这项技术当时没有任何可参考的东西。我们8个组员探索研究了4个月，制订了一个方案，并做了一次试验，效果不甚理想。大家议

论纷纷,说研究这个耽误时间,算了。虽然这项研究停下了,但我心里经常惦记着,一有闲余时间就去琢磨。我2014年研究出拉线缠绕器,2015年研究出拉线撅弯器,2016年研究出绑扎线制作器,到2018年又将这些项目列为课题。我们用了62天就探索研制出拉线预制平台、拉线绑扎平台、拉线盘扎模具等11项创新技术,颠覆了传统的方法,开创出新的"拉线集中测量、预制、安装"模式,实现了标准化、工厂化、专业化。

当时只有我一个人想继续做,但再难的事总得去做,否则困难一直在那里。这个创新技术的应用,至少给商合杭高速铁路建设省了4盘线,一盘线就要十七八万元。最主要的是省时省力、保质保量,产生了经济效益和社会效益。这个技术创新的成功使我更加坚定,不论干什么事还是要坚持,坚持才是走向成功的最好路径。

蒋:

您现在的主要工作是以工作室为依托做创新吧?最近在忙什么?

巨:

国家级技能大师工作室每年要有两个创新,现在正忙着完成今年的创新项目。其实很多项目是穿插进行的,像今年计划完成的弹性吊索预制创新,2014年做了一些,现在是在原来的基础上重新进行科学的探索与研究。比如原来是在地上画个印来预制,但安装时还是用旧方法,现在我们的创新大方向是要实现施工专业化,即预制工厂化、安装标准化。

蒋:

创新有压力也有快乐,您印象特别深的是哪

巨:

1989年夏天,在山西同蒲铁路工地上,我第一次创新了架线方法。当时,每到一个悬挂点,都要有人肩次创新？

扛电线爬上爬下，很辛苦。我试着用一个单环铁丝套挂住滑轮钩，能省不少劲儿。后来大家按这个方法架线，工效一下子提高了2倍。为了庆祝提前完工，班组长给每个人都买了一根冰棍，而我得到2根作为奖励。那是我吃过的最好吃的冰棍。

压力也是动力，我很享受探索、解决问题的过程，因为我们能在创新中为企业、为铁路发展作点贡献。尤其是大家团结到一块儿，努力解决工作中遇到的问题，感觉特别好。

现在有了网络，我们已开展了网上技术创新。我们把图纸画好，在网上传给同专业的骨干，让大家提建议、想办法，汇总给我，我再改。虽然工作室只有8个人，但网上可以发动好多人提建议，可以充分发挥大家的智慧。

只有热爱，才能干好事业

蒋：

从工人到工匠，您觉得最不可或缺的是什么？您怎么理解工匠精神？

巨：

工匠精神是首先把专业搞好、搞精，然后坚持。人的精力是有限的，在某一件事上做得特别好，就够了。所以要专心致志地去做一件事，精益求精，而且一定要与时俱进，潜心钻研，不断创新。

现在好多企业有个问题，就是一些工人的技术特别好，就被调去管理部门，其实这些人离开专业领域是有点可惜的。我觉得必须一步步把你的岗位工作做到极致,要长期坚持。一生能把一件事做好,是对社会最大的贡献。

蒋:
一生做好一件事的前提,应该是热爱。

巨:
2000 年,我们班组搞军训,我们的教官曾当过 5 年兵。一个月的军训结束时,搞了个比赛,结果我叠被子、叠军大衣比教官叠得更快、更方正。教官在总结时对大家说:"你们知道巨晓林为什么叠得比我还要好吗?因为他热爱军训生活。"

热爱会带来无穷的力量。只有热爱,才能干好事业。

印象

爱笑的人运气不会太差

蒋菡

提到巨晓林,我的眼前就会浮现一张朴实的笑脸。我第一次采访他,是在2016年宣布他当选中华全国总工会兼职副主席的那一天,那天他说了些什么我已经记不起来了,但对他那张朴实的笑脸记忆犹新。

时隔数年,我再次采访他,是在2020年6月24日。疫情之下,我们进行了视频通话,那张记忆中的笑脸一点儿没变。我在北京,他在安徽亳州,隔着数百公里的距离,隔着小小的手机屏幕,从9点聊到12点。他耐心地回答每一个问题,遇到我没听清楚的地方,会不厌其烦地复述一遍。结束时我一摸手机,已经滚烫。

我发现他不是寒暄式地笑一下,而是在交谈的大部分时间里都是带着笑容说话的。我好奇,他为什么这么爱笑。后来,从他对父亲的评价中,我似乎找到了答案。

他用"乐观"这个词来形容父亲。虽然家里有7个孩子,经济上比较窘迫,但他好像从没见过父亲愁眉苦脸的样子。比如每到开学时,孩子们的学费问题是个大难题。家里钱不够,卖猪,还不够,卖鸡,再不够,找亲戚借。总之,父亲会想各种办法解决,而不是忧心忡忡或怨天尤人。

这种乐观,或许潜移默化地成了巨晓林性格的底色。

巨晓林原本不是个幸运儿:家境贫穷,交学费都很困难;高考落榜,无法通过读书这条路跃出农门;个子矮小,干体力活儿不占优势;人到中年,息工一年……

但他没有灰心丧气或心生抱怨,而是脚踏实地地把自己的事做好。

3个小时的对话中,奋斗是他口中的高频词。经过30多年的奋斗,这个"60后"农民工不仅一笔一画主编了4本有关接触网施工的书,还一步一个脚印地写出了他自己的那本《平凡的世界》。

爱笑的人运气不会太差,谁说不是呢?

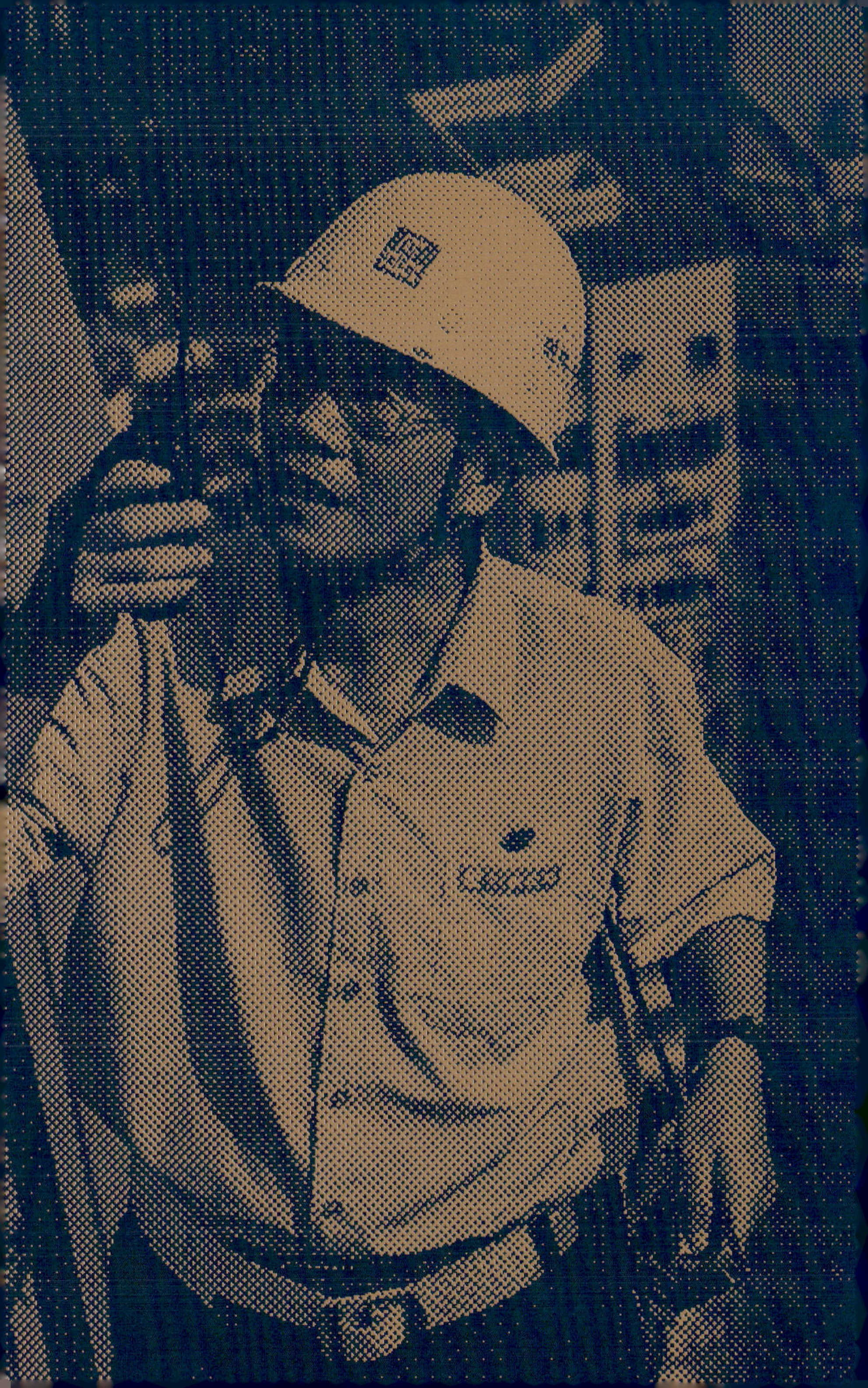

陆建新

坚持是蛮重要的事情

陆建新

坚持是蛮重要的事情。 —— 陆建新

陆建新

中建钢构工程有限公司首席专家，钢结构建筑施工领域专家，参与创造了深圳国贸大厦"三天一层楼"、深圳地王大厦"两天半一层楼"和广州西塔"两天一层楼"的世界高层建筑施工速度纪录，参与完成4栋高度400米以上的超高层建筑施工，被誉为"中国摩天大楼钢结构第一人"。他不断破解技术难题，参与完成的4项成果获"国家科学技术进步奖"，将中国钢结构建筑施工技术推向世界领先水平。

1964年7月
出生于江苏省南通市海门县（现海门区）

1982年
毕业于南京建筑工程学院（现为南京工业大学）工程测量专业，到中国第一幢超高层建筑深圳国贸大厦从事施工测量工作

1984年
参建中国第一幢超高层钢结构大楼深圳发展中心

1994年
参建当时的亚洲第一高楼深圳地王大厦

1998年
参建北京国贸二期

1999年
参建厦门会展中心

2000年
参建广州新白云国际机场航站楼

2001年
参建深圳会展中心

2003年
参建当时的北京第一高楼北京银泰中心

2004年
参建当时的世界第一高楼上海环球金融中心

2007年
参建当时的华南第一高楼广州西塔

2008年
参建当时的华南第一高楼京基100

2012年
参建深圳第一高楼深圳平安金融中心

2017年
参建全球最大会展中心深圳国际会展中心

2018年4月
获得"全国五一劳动奖章"称号

2019年9月
获评"全国道德模范"

2020年1月
参建深圳第三人民医院集中收治新冠肺炎病人的应急院区，带领团队20天高标准地建成有1000张负压病床的院区

2020年10月
获评"深圳经济特区建立40周年创新创业人物和先进模范人物"

2020年11月
获评"全国劳动模范"

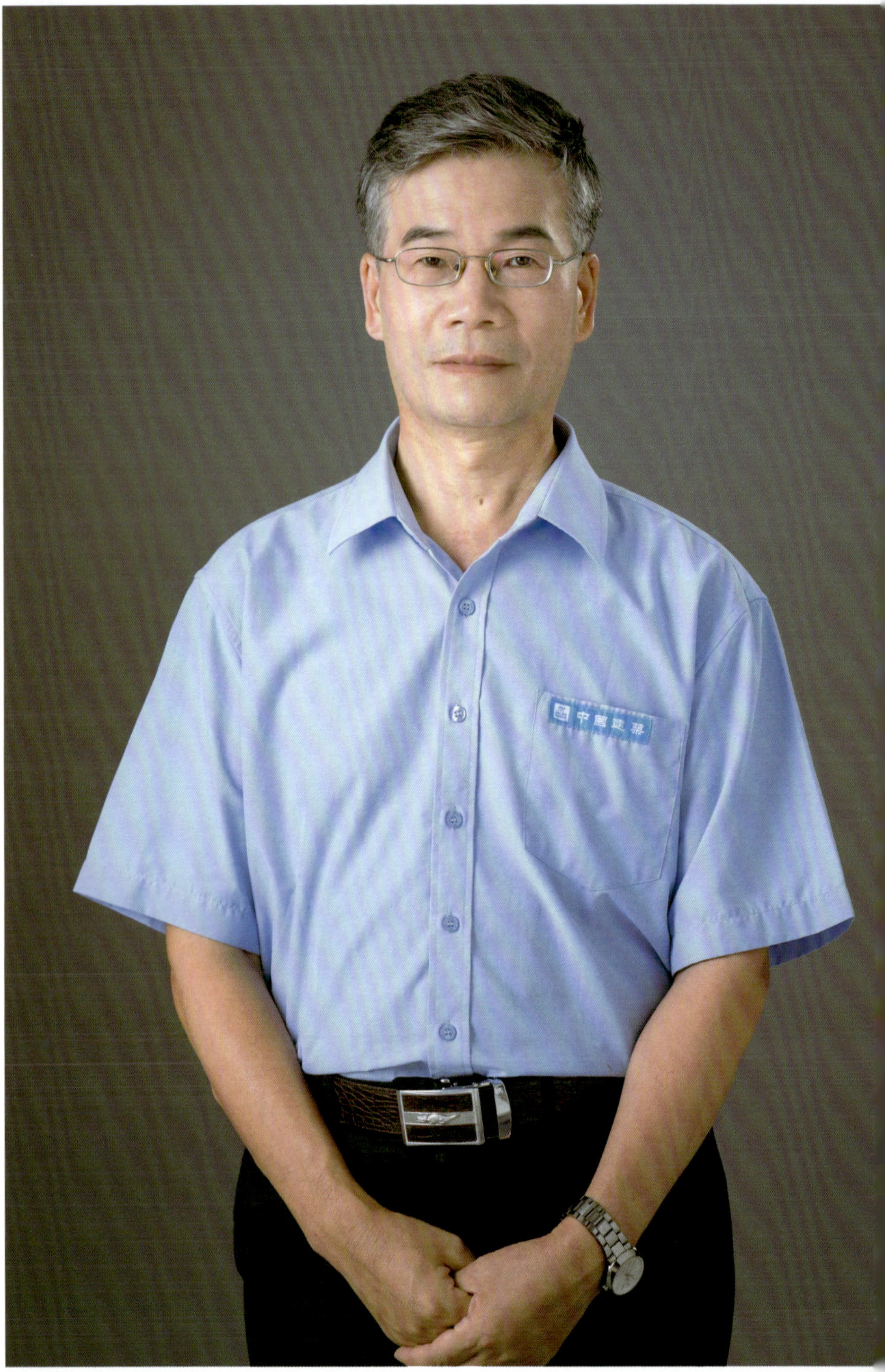

感兴趣的问题

1. 三天一层楼是怎样实现的?
2. 从一名测量员成长为钢结构建筑施工领域专家,是怎样做到的?
3. 扎根在施工一线数十年,怎么看待一线工作?
4. 为什么站在深圳经济特区建立40周年庆祝大会上发言的会是您?

受访者
陆建新

采访者
蒋菡

采访时间
2021年3月24日

> 一栋楼上挂了一条大标语:时间就是金钱,效率就是生命。我感到很惊讶,当时全国多地都说"宁停三分,不抢一秒",我知道那是交通规则,我们要遵守。深圳居然敢有这样的讲法,还真是不一样

蒋:
今天的深圳跟39年

陆:
记得啊。那次我是从湖北坐火车过来的,花了20多

前您刚来时相比，变化特别大。您还记得第一次到深圳的情景吗？

小时到广州，累得牙齿都松了。火车上挤得水泄不通，人都是从窗户爬进爬出的，别说卧铺了，硬座都一票难求。到了广州，换乘广九线，一人一个座位，还有空调，我就觉得很高级。广九线上大部分是香港人，到了深圳下车后，我和同事两个人傻乎乎地跟着人流走，走到了边检站。工作人员告诉我们"你们已经到深圳了，再走就是去香港了"，我们才回头去找出站口。

我来的时候懵懵懂懂，没想到最后会把家安在这里，因为干建筑这行的像吉卜赛人，是到处漂的。

蒋：
您从湖北到深圳，本来以为是"漂"的一站。

陆：
来深圳时是1982年10月，我18岁，刚从学校毕业三个多月。本来我被分配到荆门市的中建三局一公司工作，后来单位派人来深圳盖楼，我是第二批过来的。当时第一批来的同事来信说要盖一个160米高的50层楼。那时候我见过最高的楼也就5层。

蒋：
第一次看到的深圳，跟您想象中的一样吗？

陆：
本想着深圳距离香港那么近，一定很繁华，没想到到了罗湖一看，还不如荆门。

蒋：
当时的深圳有什么让您印象深刻的？

陆：
从火车站出来，不远处就是深圳国贸大厦的工地，那里挖了一个很大的基坑，旁边一栋楼上挂了一条大标语：时间就是金钱，效率就是生命。我感到很诧异，当时全国多地都说"宁停三分，不抢一秒"，我知道那是交通规则，我们要遵守。深圳居然敢有这样的讲法，还真是不一样！

蒋：

"时间就是金钱，效率就是生命"这句诞生于 1981 年深圳蛇口工业区的宣传语，透着一股子拼劲儿，被称为"冲破旧观念的一声春雷"。作为建筑工人，您刚到深圳，对这句话有怎样的切身体会？

陆：

以前的单位每个周末能休息一天，一来深圳就没有礼拜天了。8 小时工作制，三班倒。不过我是单身汉，也没啥其他事干，就干活儿呗！

当时我才 18 岁，对于"时间就是金钱，效率就是生命"这句话还没有特别深的感触。到了今天，倒是越来越感觉到深圳真是一个特别讲究时间和效率的地方，行人都是急匆匆的，而且这两年我们公司的业务量一年比一年多，所以越来越忙。还有像深圳政府"秒批"的这种做法，都非常好地诠释了这句话的含义。

蒋：

当时的生活条件怎么样？

陆：

在荆门的时候，我住的还是个砖墙的房子，石棉瓦屋顶。到了深圳，我住的是两层的毛竹房，二楼走廊一有人走动，整个楼都在晃，咯吱咯吱响。1983 年的一场台风，把毛竹房的房顶吹掉了，我们只能到国贸大厦已经建好的楼层里躲雨，天亮了继续干活，等到房子修好了，再搬回去。

蒋：

这么艰苦的条件，您有没有打退堂鼓？

陆：

没有。那个时候，我根本不会去想要不要换个工作，就觉得有了一份正式工作，就是要一辈子干下去的。

蒋：

深圳的收入应该比中西部地区高吧？

陆：

嗯，在荆门是每个月 34.5 块钱，到了这里翻了一倍，70 多块钱。到了 1988 年，我用攒下的钱在老家修了一栋砖房，这也算是我给家里的父母、弟弟、妹妹最大的贡献了。

农村人能吃苦，像我母亲身体一直不太好，有点小毛病总是忍一忍熬过去，对我们也有影响。后来我在工作中也遇到了比较艰苦的环境，但相比在农村种地算什么呢？所以我能忍

蒋：
您的家乡江苏海门被称为"建筑之乡"，您干建筑这行是受到环境的影响吗？

陆：
没有，成为"建筑之乡"是后来的事了，我小时候村里干建筑这行的人还不多。
中考的时候，我其实对学校、对专业都没有什么概念。那时候报考志愿有一本册子，上面有一两百个学校，我不知道选哪个好。一个15岁的农村孩子能懂多少？我父母在生产队干活儿，填报志愿时不在我身边。我们学校有个复读生报了南京建筑工程学院，我的老师以前讲过这事儿，我就跟着报了，专业填的是工程测量，也是随便填了一个，也不太懂。

蒋：
您小时候有过什么理想？

陆：
我想过当兵，也没太多想法，很懵懂。

蒋：
当时对一个农村孩子来说，读中专意味着

陆：
我1979年初中毕业，中考成绩分数比较高，可以选择上中专或上县城高中。在全国农村普遍那么穷的年什么？

代，中专毕业后可以很快地得到一份正式的工作，真是求之不得，所以我肯定不会去考虑读高中再考大学。我是我们小队第一个考出去的学生。当时队里人知道我考上了中专，跟我说："你去上中专，可以去吃白米饭了！"我们那时候是吃玉米糊长大的，所以能走出农村有一个正式的工作，很让人羡慕。

蒋：
当时你们家的经济状况如何？

陆：
我们家五口人，母亲身体不好，只有父亲一个全劳动力，所以家里的经济条件比较困难，全靠父亲剃头这门手艺来贴补家用。当时去镇上剃头要收3毛钱，我父亲只收1毛钱。父亲剃头特别认真，给每个人洗头就前后要洗3次。有时我负责烧水，刚开始觉得，就收这么1毛钱，还要费那么多柴火啊！后来看到顾客们剃完头特别满意的样子，我也觉得挺好。

蒋：
认真把一件事做好，哪怕是一件小事，也能因此赢得别人的尊重。尽量把事情做好，也许是您父亲潜移默化中带给您的影响。

陆：
当时没觉得，现在回过头来想想，可能是的。

蒋：
15岁就离开家乡外出读书，然后工作，您印象中的故乡是什么样的？

陆：
我小时候连县城都没去过。我曾经有一个很幼稚的想法，想在学会骑单车以后骑着车到处去走一走。后来上初中的时候我学会了骑车，但也并没有骑着去远一点的地方。所以对家乡的印象，我只有当时的生产小队、生产大队的概念，也就是现在的村民小组。

蒋：

在那片小天地里，记忆中有什么趣事吗？

陆：

我小时候很幼稚。村里立起了电线杆，听大人说拉了电线以后，用水就很方便了，我就想水是从电线上掉下来的吗？我不知道是因为有了电，可以用马达抽水。那时候家里没有电视机、收音机，也没有报纸，只有学校的书本，我了解的东西很少，很笨（笑）。

蒋：

不是笨，是保留了一份天真。您小时候得帮着家里干农活儿吧？

陆：

我会去生产队干活儿，挣工分。干农活儿很辛苦，尤其是收玉米的时候。要把玉米秆放倒，一个十三四岁的小孩怎么弄得动？七八月份是一年中最热的时候，我干得满脸是汗，手臂被秆子上的叶子划得红红的。农村人能吃苦，像我母亲身体一直不太好，有点小毛病总是忍一忍熬过去，对我们也有影响。后来我在工作中也遇到了比较艰苦的环境，但相比在农村种地算什么呢？所以我能忍。

蒋：

跟父亲学会了认真做事，跟母亲学会了吃苦耐劳，这些都成为您的底色。

陆：

在农村很辛苦，但我们那个时候走出来太难了。我初中毕业的时候，整个乡只有7个人考上了中专。

蒋：

所以您会格外珍惜。去南京上学是您人生当中第一次出远门，印象深刻吧？

陆：

是啊！当时我挑了根毛竹小扁担，前面捆了两床被子，后面挑着我妈出嫁时带过来的薄板小木箱，里面放着各种日用杂品。我父亲把我送到四甲镇汽车站，我就和一个考上同所学校的老乡结伴去坐长途汽车。司机把我们的行李放到汽车天棚顶上。到了南通市里，我们又转市内公共汽车到码头，连拖带拽地，把陆：

行李弄到船上，坐船去南京。上了船，力气小弄不动了，我们就把行李放在甲板上，就在甲板上吹了一夜风，守着那堆破旧的行李。

蒋：

对于外面的世界，当时您内心更多的是忐忑还是向往？

陆：

忐忑。

蒋：

那些没考上中专或高中的孩子，都干啥去了？

陆：

那时候大部分孩子初中毕业后就不上学了，然后学门手艺，当木工、瓦工或是钢筋工。乡里设了一个建筑站，专门去大庆、青岛等地承包工程。干这行的人越来越多，后来我们那儿就成了"建筑之乡"。其中有一部分人发家致富了，现在海门大的建筑公司的老板基本上都是我这代人。

蒋：

如果您没考出去，或许也成了建筑公司老板了。也许挣了更多的钱，但成不了"中国摩天大楼钢结构第一人"了。

陆：

有可能，我母亲也曾这么说过。她说现在就你自己一个人过得还算可以，家里都没有得到任何关照。

蒋：

虽然您是懵懵懂懂踏入建筑这一行的，但无意中契合了改革开放初期的社会需求，当时国内建筑业正好迎来了"第一个春天"。

陆：

是的。

我干着测量的活儿，看的是整个工地的事儿，会去看、去总结、去悟。比如说人家是怎么焊的、怎么吊装的、怎么管理的，对这一系列情况都了解了，见多识广，你就变成总工了

蒋：
当测量员是您职业生涯的第一步，而测量是特别讲究精确、精准的，您是如何迈好这一步的？

陆：
在学校的时候，老师曾经跟我们讲，卫星发射，"差之毫厘，谬以千里"，起点歪了，就不知道发射到哪里去了。测量员提供的数字不准确的话，楼就歪了，会出问题。

大楼的柱子是一节一节拔高的，像乐高积木。如果第一节歪了，第二节可以纠回来，纠多少完全看我们测量员的。我告诉工人差了两毫米，他就按这个数值反向纠偏。测量员是观察大楼直不直的一双眼睛、一个报警者。所以我从一开始干这项工作时就特别仔细，这么多年来一直这样。

蒋：
您干测量干了几年？

陆：
1982 年到 1996 年，我连续干了 14 年，然后从 1996 年开始当项目总工。

蒋：
在一个岗位上干了 14 年，会不会觉得枯燥？

陆：
现在的年轻人可能会觉得奇怪，连续干 14 年测量工作没想法吗？那时候我完全没有换个岗位或是跳槽的想法，觉得是瓦工就干一辈子瓦工，是木工就干一辈子木工，我学的测量，这辈子就是干测量。

蒋：
10 多年干同一项工作，也并不意味着一直在重复。您感受到了测量这个工种本身的哪些变化？

陆：
我干深圳国贸大厦项目的时候，看大楼直不直，是在下面用激光铅垂仪测。在学校的时候，测量知识老师教了很多，我的基础理论知识和实操水平都还可以。到了建深圳地王大厦的时候，有香港来的测量工程师，他们对我的影响是最大的。我发现之前自己摸索的测量方法跟香港同行所代表的世界先进技术之间有差距。香港同行带着我爬到楼顶上用尺子去测量。那时候的工地上没有专门的施工安全通道，要获得更精确的测量数据，就必须在巴掌宽的钢梁上凌空行走。那时候高空作业的安全保护措施很有限，在 300 米高的高空中行走就像走独木桥，晃晃悠悠的，走不稳就像要掉下去一样，会吓一大跳。后来我就骑在钢梁上，一点点地往前蹭。1996 年，我结合香港同行的施工方法发明了一种新的测量方法，将大楼整体垂直偏差控制在当时代表世界最高水准的美国标准允许偏差的 1/3 以内。这种测量方法成为钢结构安装行业测量标准工艺，直到今天还在用。

蒋：
在那么高的楼上干活儿，没有足够的保护措施，您想过不干吗？

陆：
我也害怕，但没想过不干。好不容易读书出来有个工作，难道放弃了回家去种地吗？身边也没有同事因为工作太危险、太累就不干了的。那个时候没想太多。

蒋：
现在的测量技术有了哪些新的发展趋势？

陆：
最近我看了一个新的设备——扫描仪，用它扫描以后，会马上在计算机上显示三维实体图像。把三维实体图像跟设计的三维图拟合，如果完全吻合，那么误差就为0。这个扫描仪可以替代经纬仪。设备越来越先进是必然趋势，测量技术也会不断升级。

蒋：
从测量员到总工，这个跨越是怎样实现的？

陆：
我干着测量的活儿，看的是整个工地的事儿，会去看、去总结、去悟。比如说人家是怎么焊的、怎么吊装的、怎么管理的，对这一系列情况都了解了，见多识广，你就变成总工了。
这个跨越不是突然转变的，要在平时的施工过程中当个有心人。后来再当项目经理，也是一样。

其实每个人在工作、生活、学习中都会碰到各种各样的问题，不要那么轻易放弃，坚持一下，是不是大大小小的问题后来都解决了？坚持是蛮重要的事情

蒋：
从班组长、总工程师

陆：
当班组长时，我提前想明天、想一周的事情就够了；

到项目经理,您自身有怎样的变化?

当项目经理时,我就得考虑1个月、3个月、半年以后的事,眼光长远才会心中有数。

其实我原来话不多,但在其位,谋其职,有了这个责任以后,我的话就变多了,要交代别人这样做、那样做。没在管理岗位的时候,我不喜欢开会;到了管理岗位,发现开会是必需的,得统一思想,发挥团队的作用,大家一起使劲儿才能干好事情。

蒋: 所以要换位思考。您觉得什么样的管理最有效?

陆: 以身作则,率先垂范,才有说服力,要别人做到,自己得先做到。我干项目经理的时候,每天早来晚走,别人也不好意思总晚来吧,这样自然而然就形成了一种氛围。建筑行业每到春节都会面临谁留守的问题,我作为项目经理率先留下来。

你不仅要带头,还要做点牺牲,比如奖金分配,不能太计较,得调动大家的积极性。

所以带一个团队首先要让别人服气,然后才能凝心聚力,让大家劲儿往一处使,才能干得开心。

蒋: 您平时工作中有什么小习惯、小窍门吗?

陆: 我工作以来一直都会随身带一个记事本,随时记笔记。每天的重要事项和费用支出情况我都记录下来,一清二楚,后面再经常翻翻看看。

蒋: 您带徒弟时,会告诉他做一项工作最重要的是什么?

陆: 首先是认真。做事肯定要认真,现在太多年轻人不够认真,今天给布置的一个任务,过了两天还没动手,说忘记了,这样的情况有。还有很多刚毕业的大学生,特别是理科生,用电脑拼音输入法弄出来的文稿一遍都不看，就打印了交上来，有错别字、用错的标点符号。他们不是没能力做好，而是要认真做，要花时间去做。

其次是坚持，要能沉得住气，这个更难。别一上来就盯着管理岗位，哪有那么多管理岗位啊！先踏踏实实把自己手头的工作干好。

我也是从徒弟做起的。早年我跟香港同行、跟日本人学，后来自己有了积累，也一拨拨地带出了不少徒弟。有人说，"带出徒弟，饿死师傅"，但建筑施工有多高深的技术呢？我是持比较开放的态度的，看到徒弟干得好，我也很高兴。对企业来说，带出一批徒弟，他们又开枝散叶，带出更多徒弟，才有利于企业发展。

蒋：
您会训徒弟吗？

陆：
我性格比较温和。要是他们哪儿做得不好，比如他编制的施工方案我不满意，我就陪着一起改，不嫌麻烦，一遍又一遍地改，直到符合我的要求。

蒋：
您有没有遇到过特别难忘的挫折或是失败？

陆：
我的经历太顺了，大的波澜起伏基本没有。做每个项目的过程都是痛苦的，但从更长的时间维度来看，这些都是小事。遇到困难，就去克服它。我认为建筑施工技术算不上高深的学问，比较容易学习和掌握。

蒋：
事实上，做到像您这样很不容易，凤毛麟角。

陆：
别人看起来觉得做到我这样不容易，其实我是顺其自然的。转个行的话，我还不如别人，所以就一直干下去。也有一些单位想聘请我，被我婉言拒绝了。我们公司有个愿景——做中国最大的钢结构产业集团，现在已经做到了。如果我换个单位,平台很可能不如现在。如果去个民企,今年有项目,明年可能就没有了,即使给的年薪高一些,但未必持久。而在我们公司这个大平台上,项目一个接一个。有句话说,离开了企业,你什么都不是。

蒋:

深圳经济特区成立40年来每个年代的地标性建筑您都参与建设了,应该特别有成就感吧?

陆:

是的。20世纪80年代的深圳国贸大厦,是我国第一幢超高层建筑;20世纪90年代的深圳地王大厦,是当时的亚洲第一高楼;21世纪初的京基100,还有21世纪10年代的深圳平安金融中心,我都参建了。钢结构的项目比钢筋混凝土的项目盖得快,我早年基本上半年或一年就干完一个项目,不仅是深圳,北、上、广当年的最高楼我都曾参与建设。1998年遭遇严重的亚洲金融危机时,深圳没什么活儿,我就去北京干了国贸二期项目。

当时就是一个一个项目地完成施工任务,但回过头来看,像我这样有这么多一线施工经历的人不是太多。全国400米以上高楼我们单位干了其中的23栋,而我参与了其中的4栋。

蒋:

盖这么多摩天大楼是一种怎样的体验?

陆:

听起来都是盖房子,但每个项目遇到的问题都不一样。做每个项目的过程都会很痛苦。

蒋:

痛苦源于什么?

陆:

压力。尤其是当了总工、项目经理以后,既要不断地解决各种技术问题,又要确保不出安全问题。安全是第一位的,压力最大。

蒋：
干得最痛苦的是哪个项目？

陆：
深圳平安金融中心。一般项目上的塔吊是安装在电梯井筒里的，比较安全，而这个项目当时用的塔吊是附在外墙上的，我形容它们为壁虎爬墙。一台塔吊几百吨重，最重的700吨，安装在墙面上，我怕它掉下来。这时候压力是最大的。

平安项目（编者注：指深圳平安金融中心项目）的塔吊有64米高，其中固定高度只有14米左右。风吹的时候，它在摇晃；风不吹的时候，它也在摇晃，发出咔啦咔啦的响声，说明它的连接节点有间隙。塔吊如果在地面起步位置就晃动，到了高空受风力的影响，晃动强度要再乘以3倍，所以这个问题在地面一定要处理好，否则在空中一定会出问题。

那期间我很痛苦，又没有好的办法。塔吊已经立起来了，很重，我对它无可奈何，吃不好、睡不好。我就想第二天怎么干才是最安全、最省事的，万一出安全事故，弄不好要坐牢的。我老婆也劝我说"你不要干了，太危险了"。后来我想想，不干就意味着把工作丢了，也不行，还是接着干吧，积极想办法去解决问题。

蒋：
压力最大的时候如何化解？

陆：
没什么诀窍或者好方法，就是"坚持"二字，还得积极想办法解决问题。其实每个人在工作、生活、学习中都会碰到各种各样的问题，不要那么轻易放弃，坚持一下，是不是大大小小的问题后来都解决了？坚持是蛮重要的事情。

我们在平安项目自行研发出的"悬挂式外爬塔吊支承系统及其周转使用方法"，减少了1100多个塔吊使用台班，缩短工期96天，创造直接经济效益7680

万元。这种方法当时在国内外没有先例，后来我们申请了中国的发明专利，还获得了 2018 年日内瓦国际发明展览会特别嘉许金奖。

这可能就是接受挑战的意义所在：过程很痛苦，一旦攻克了难题，会有巨大的成就感。

成就来之不易。中国超高层建筑的施工技术就是这样从无到有、从有到提高、从国内领先到世界领先的。作为一个亲身参与者，我内心还是挺自豪的。

建筑行业不是傻、大、笨、粗，我们也在不断地调整、转型、升级

蒋：

三天一层楼，两天一层楼，这样的深圳速度是如何实现的？

陆：

深圳国贸大厦的"三天一层楼"是老一代人通过创新实现的，采用滑模工艺，经历了三次失败，第四次成功了。这也体现了深圳人敢闯、敢试、敢干的精神。深圳地王大厦的"两天半一层楼"，主要归功于材料的变革和国外先进的管理经验、施工技术的应用，以及我们在此基础之上的改进。

再到广州西塔的"两天一层楼"，我们一个月干了15层，当时采用了新的顶模施工工艺，速度的背后是新技术、新设备、新材料的使用。不过根据能量守恒定律，达到这样一个速度肯定要付出一定的代价，也就

是说，追求"两天一层楼"这个速度花的成本较高，比如前后工序之间的劳动力搭配不紧密，会出现等待现象，需要半夜1点或随时接班，费工费时，所以后来对外宣传说得不多了。

蒋：
时间是怎么省出来的？

陆：
很重要的一点是靠创新。比如，塔吊一般情况下是装在大楼中心的核心筒内，只能装2~3台。而在平安金融中心项目上，我们突破常规，研发设计了一套具有自主知识产权的支撑系统，使得塔吊数目增加到4台，大大提高了施工效率。随着楼体不断增高，塔吊也要跟着爬升，我们研究出一套吊挂拆卸的新办法，提高了塔吊的使用效率，大大缩短了工期，后来这个方法还获得了国家发明专利。

蒋：
从160米的深圳国贸大厦、384米的深圳地王大厦、442米的深圳京基100到600米的深圳平安金融中心，您见证并参与了中国超高层建筑从100米级高度逐步攀升至600米级世界高度的全过程。凭咱们国内的技术，现在到底能盖多高的楼？

陆：
高度不是问题，以我们现在的技术，建造1000米高的大楼都没问题。但是楼太高，后期运营维护的成本，像电力、通风、防火等成本，都会变高。

蒋：
您怎么看这种对速度

陆：
改革开放初期，我们在奋力追赶，要把失去的时间夺和高度的追求？回来，所以追求更快的建设速度。而超高层建筑可以成为一个城市甚至一个国家的名片，我们想要迈出这一步。但刚开始的时候肯定很不容易，像 1984 年，我们建中国第一幢超高层钢结构大楼深圳发展中心时，由于国内缺乏超高层钢结构施工经验，境外一家落标企业说：你们就等着第二座比萨斜塔的出现吧！后来我们用事实证明了自己能行。

蒋：

20 世纪八九十年代人们常说的"发愤图强"这四个字，或许是对这段经历最好的写照。

陆：

到建深圳地王大厦的时候，我们更加了解技术的差距，边学边干。再往后我们不断地建，技术也在不断地积累。人家西方发达国家反倒不那么热衷于建摩天大楼了，人家建够了，过了那个阶段。不同的时代有不同的追求，不同的阶段有不同的目标。

蒋：

我国超高层建筑的建造水平从落后发达国家半个多世纪到世界领先的说法从哪儿来的？

陆：

中国第一个钢结构大楼是 1984 年建的深圳发展中心，而美国帝国大厦这个标志性的钢结构建筑是在 1930 年建的，隔了半个多世纪。

港商胡应湘先生曾跟我说，20 世纪 50 年代，美国建筑行业的施工技术是世界一流的，不过它到现在还是这样的水平。而我们中国的建筑业自从改革开放以来一直在高速发展，中国高楼大厦的数量目前占据了全世界的 50%。从我自己来说，我亲历了超高层建筑从无到有，从引进到吸收、学习、摸索、总结、创新的过程，看着它这样一步步走过来，达到了世界先进水平。

现在，我们中国的超高层建筑、高速公路、在贵州崇山峻岭中建的大桥和港珠澳大桥，都毫无疑问是世界一流的，我们做了太多其他国家没有做过的事情。

蒋：

人生中每个阶段有每个阶段的追求，放到一个企业、一个行业、一个国家也是一样。改革开放之初我们需要速度、向往高度，到了现在这个阶段，更追求高质量发展。就钢结构建筑而言，现在正在朝着哪些方向寻求新的发展？

陆：

钢结构这个领域还有很大的发展空间，比如通过材料革新达到更高强度，减少用钢量，还有施工技术的改变、施工设备的创新、精细化管理以及智能制造等。

蒋：

也就是说，建造过程本身要更绿色、更高效。建造的领域呢，现在建筑业把注意力转向了哪些领域？

陆：

转向基础设施建设和民生工程建设。像我们公司，现在就参与了大量基础设施建设，主要是建设学校、医院、公租房、保障房、立体停车库、城市绿道、体育馆、机场、会展中心等，这些都是有助于提高老百姓幸福指数的。我们的生产任务很饱和，2020年的业务量比上一年增长了近50%。

建筑行业不是傻、大、笨、粗，我们也在不断地调整、转型、升级。

蒋：

企业跟着时代走，跟着社会的需要走。

陆：

是的，在新冠肺炎疫情刚暴发时，2020年1月，深圳要建应急医院。得知我们公司参与这个医院建设的消息后，很多同事都积极报名，我也第一时间主动参加。作为一个劳模，关键时刻就得发挥作用。

我带了一箱行李就出发了，出了小区碰到的第一个出租车司机一听说地址不肯去,因为新建的医院和深圳市第三人民医院只隔了一道围墙,当时深圳200多个新冠肺炎确诊病人全集中在那里。他说"人家都避开那里,你还专门要去"。

那个时候整个氛围确实比较紧张,但我们一进工地就顾不上那么多了。10200个工人、480个管理人员,包括董事长在内,都在20个由集装箱临时搭建的办公室里办公。我从来没见过一个工地有这么多人,每天工作16小时以上,到了中午一个个累得东倒西歪的。

每天晚上,隔壁三院(编者注:指深圳市第三人民医院)的大楼上,有病人的房间就有灯亮着。过几天上面一层楼的灯亮了,再过几天再上一层楼的灯也亮了,深圳确诊患者最高峰时有300多人。

从1月31日到2月19日,20天时间,应急医院投入使用。深圳市委书记王伟中说创造了新时代的深圳速度。

我之所以能成为这个行业的佼佼者,就是因为在一线坚守了这么多年

蒋:

您的职业生涯中有没

陆:

在我主持参与的项目中,从顶端到底部的垂直度偏差

有某个最让您骄傲的数字？

始终都控制在 20 毫米左右。

蒋：
您职业生涯中特别开心的时刻是什么？

陆：
大楼封顶的时候，那一刻很开心，因为卸下了一个包袱。在这个过程中，从开头到收尾，看起来很简单，其实很麻烦。尤其是作为项目经理，吃、喝、拉、撒什么都要管，最担心的是安全问题。

蒋：
站在领奖台上的时刻呢？

陆：
每一个荣誉都是对自己的一次鼓励。你说不重视荣誉吧，那是假的，领奖时当然很开心，但过去了就过去了。荣誉很多时候又是一种约束，我必须要去想：是不是可以做得更好，要对得起荣誉。

蒋：
在很多人看来，2020 年您站在深圳经济特区建立 40 周年庆祝大会上代表一线建设者发言是您的高光时刻。有没有想过为什么会是您？

陆：
它有很多的偶然性。在深圳这样一个人才济济的地方，我认为是轮不到像我这样一个普通的建设者来作这个发言的，最终选择了我可能是我的经历和深圳的发展正好吻合。我来得比较早，参建的 4 个地标性建筑正好是在深圳发展的 4 个 10 年中建设的，而城市面貌的变化又跟建筑密切相关。也算巧合，我参与和见证了深圳的成长。作为深圳建设者，我代表了一群人。

蒋：
时间见证了一个普通建设者的奋斗史，也见证了一座城市的发展史。城市和它的建

陆：
可能跟我近 40 年在一线有关。很多人干一两个项目就走了，或者去管理岗位了。还有人没干到领导岗位，就换单位了。很多人都是走这样的路。像我这样这么多年一直在一线的人可能不太多。

设者彼此成就。但深圳那么多建设者，能获得这样的殊荣很重要的原因还是您个人的奋斗。

蒋： 为什么您一直在一线？

陆： 因为没有太多别的能耐，只能这样做了，发挥下长处吧，干老本行（笑）。

蒋： 太谦虚了。

陆： 我之所以能成为这个行业的佼佼者，就是因为在一线坚守了这么多年，摸索、总结了一些经验。

蒋： 您应该也有一些机会可以离开一线吧？

陆： 1982年建深圳国贸大厦的时候，我曾有机会去重庆建筑学院带薪学习。我参加了考试，通过了，临去的时候，公司组干科的人跟我说，"工地测量人手这么紧张，你就别去了吧"。我说"好吧"，就没有去。当时我没意识到这个决定对个人的影响很大，这也跟我从小的家庭教育和个人见识有关。

蒋： 如果人生可以重新来过的话，您会如何选择？

陆： 1982年建深圳国贸大厦的时候，我应该去上学。那时候我轻而易举地答应了人家不去，要是放到现在，可能不会答应。但如果上了大学，人生可能就又不一样了。

甚至我初中毕业的时候不会选择中专，肯定是读高中、考大学，因为现在对于学历的要求不一样了。但人生是没办法假设的，你只能在当时的情境下作出选择。

蒋：

人生有很多岔路口，如果您去重庆读了大学，走的可能是另一条路了，也很可能就不是2020年那个站在深圳经济特区建立40周年庆祝大会上发言的人了。

陆：

也许吧。

蒋：

您怎么看待舍与得？

陆：

老天对人其实还是挺公平的，你得到一些东西，也会失去一些东西。能得到一些，已经是很好的回报了，这方面我比较容易满足。但"容易满足"是我对待荣誉的态度，在工作上肯定还是要不断地去干，否则慢慢就会落后了。

我认为的工匠精神就是坚守坚持，认真负责，团队作战，善于传承、总结和创新

蒋：

您觉得自己是个什么样的人？

陆：

做事让人放心、很本分的一个人。

蒋：
用一个现在流行的词叫作"不争不抢"。

陆：
不会去争。包括荣誉，也不是争来的，它只是顺便的东西。

蒋：
水到渠成。但不争并不代表没有追求，其实您在做事的时候是对自己有特别高要求的。

陆：
我做事情是特别认真的。你把任务交给我，我一定尽力把它做好。
包括每干完一个楼，我会很认真地写技术总结，请行业专家来进行方方面面的评审，这个工作我是一定会做的。我希望这项技术是首创的、独到的。最后，这些总结就变成了一本本获奖证书。

蒋：
在很多人眼中，您是一个值得钦佩的人，是个成功者。您认为您成功的秘诀是什么？

陆：
少说多做。我觉得自己算不上特别成功。

蒋：
您所理解的工匠精神？

陆：
我认为的工匠精神就是坚守坚持，认真负责，团队作战，善于传承、总结和创新。

蒋：
放到历史的长河里看，您真正做了什么，留下了什么，那才是真正有价值的。您愿意别人怎么介绍您？

陆：
媒体常用"钢结构施工顶级专家"这个词来形容我，其实当一个实践经验丰富的钢结构施工专家就不错了。有句广告语是：没有最好，只有更好。

印象

一个带着光环的"普通人"

蒋菡

2021年3月24日,我从珠海坐船去深圳。前一天晚上,陆建新在电话中给我推荐了去深圳的路线,发来了渡轮班次信息,并让我订好票后告诉他班次,到时候他会来码头接我。他说:"你自己找地方可能更费时间。"8点半,船开了。8点49分,我收到他的信息,他说他怕堵车,所以已经提前到了码头。

他是2020年10月站在深圳经济特区建立40周年庆祝大会上代表一线建设者发言的那个人,也是被誉为"中国摩天大楼钢结构第一人"的那个人。一个头顶诸多光环的工匠,做事认真细致尚不足为奇,但如此亲和、周到,还是颇有些出乎我的预料——太像个"普通人"了。

57岁的陆建新看上去就像个温和的普通人,与他的对话过程也平平淡淡,想从他的话语中找出震撼人心的句子或是特别动人的描述,好像都有点困难。好几次,想追根溯源他一路走来如何作出选择的心路历程,他的回答都是同一个词——懵懂。

近40年的光阴,他好像就这么顺流而行,把自己交付给了这个时代,本本分分地做着自己的工作。他的人生好像不曾立下什么远大的志向,但每一步又何尝不是在向着一个目标努力——珍惜这个岗位,干好这份工作。直到回首的刹那,他发现,不经意间自己已经走了很远的路,攀上了很高的高度。

仔细品味,这是一个难能可贵的有关坚持的故事。日复一日地埋头苦干积累出不凡,年复一年地坚持不懈成就了杰出。

数十年的光阴,深圳发生了翻天覆地的变化,陆建新则变成了一把丈量这变化的标尺。

很难有比建造摩天大楼更契合的对"发展"的隐喻,很难有比"两天一层楼"更贴切的对"时间就是金钱,效率就是生命"这句话的诠释,或许也很难有比陆建新更适合的深圳建设者代言人。

时代也并未亏待这个本分的"普通人"。那一道道光环不仅是给予他的,也是给每一个坚守岗位的普通劳动者的。

我好像懂了,那些光环为何会笼罩到他这样一个"普通人"身上。

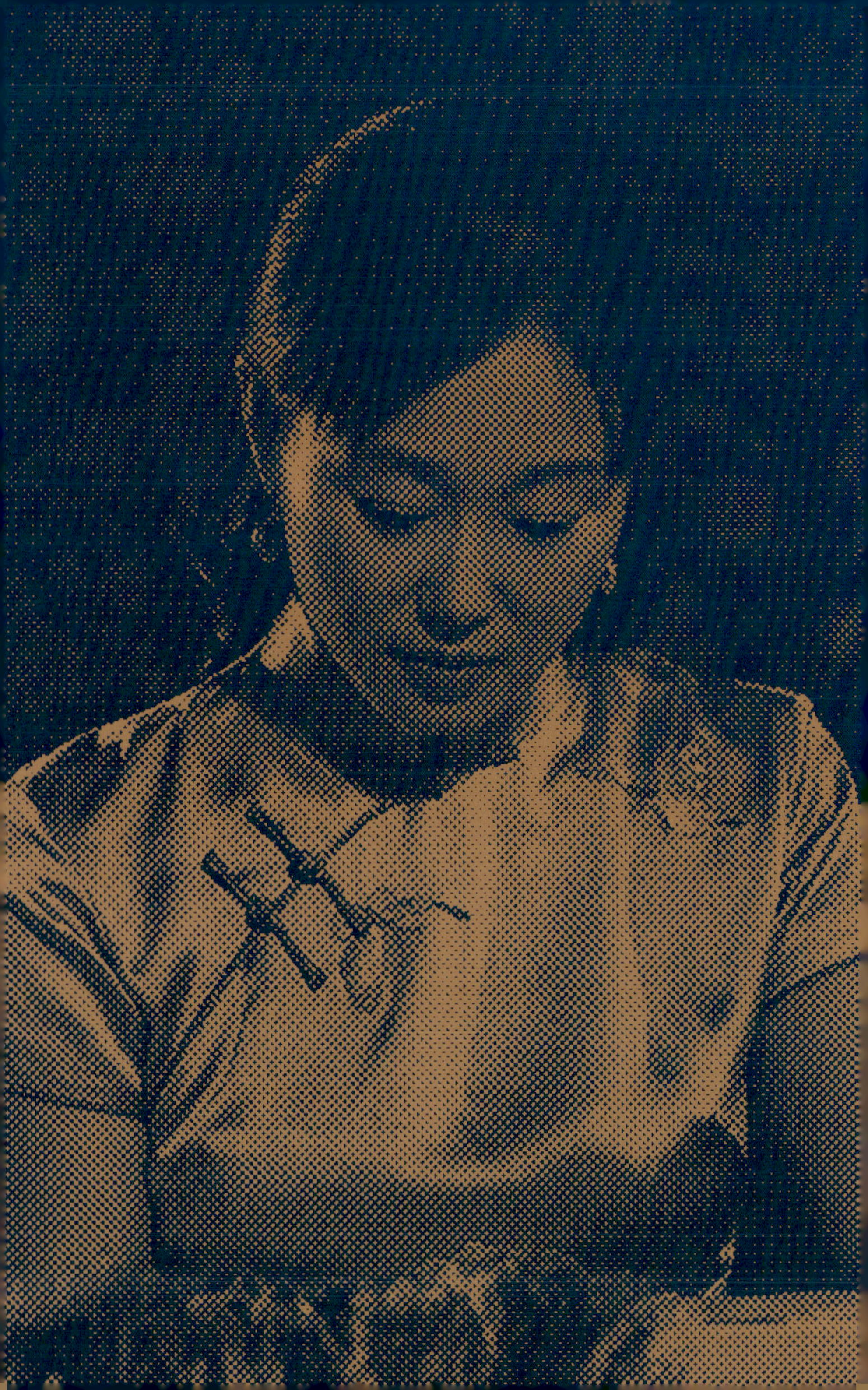

姚惠芬

我不愿意重复自己

我不愿意重复自己。　——姚惠芬

姚惠芬

国家级非物质文化遗产项目（苏绣）代表性传承人，研究员级高级工艺美术师，多年来一直致力于苏绣传统技艺的传承与发展创新，不断探索刺绣针法在各种题材上的实践运用，首创了一种全新的刺绣技法——简针绣。其作品已被大英博物馆、苏州博物馆等国内外多家博物馆收藏。2017 年，其携团队创作的系列当代苏绣作品成功入选并参加了第 57 届"威尼斯双年展"中国馆的展览，开了当代苏绣作品进入世界顶级艺术展览的先河。

1967 年 11 月
出生于江苏省苏州市吴县（现吴中区和相城区）

1976 年
开始学习苏绣

1988 年至 2002 年
师从中国近代苏绣大师沈寿的第 3 代传人——苏州刺绣研究所高级工艺美术师牟志红、中国工艺美术大师任嘒娴

1995 年
在"首届中华巧女手工艺品大奖赛"上，其作品《张大千肖像》获一等奖，其并被誉为"中华巧女"

1997 年
其作品《董建华肖像》在"首届中国国家级工艺美术大师精品展"中获得大奖

1998 年
和妹妹姚惠琴在苏州市高新区镇湖镇创办"琴芬绣庄"

2008 年
被评为"研究员级高级工艺美术师"

2011 年
被江苏省人民政府授予"江苏省工艺美术大师"称号

2012 年
被文化部授予"国家级非物质文化遗产项目（苏绣）代表性传承人"称号，被中国工艺美术学会评为"首届中国刺绣艺术大师"

2015 年
"简针绣"刺绣技法获国家知识产权局发明专利证书

2017 年
参加第 57 届"威尼斯双年展"，是当代苏绣作品首次进入该展

2018 年
被江苏省政府授予"江苏大工匠"称号

2019 年
当选"2018 中国非遗年度人物"

2020 年
获得"2020 年国家级非物质文化遗产代表性传承人薪传奖"

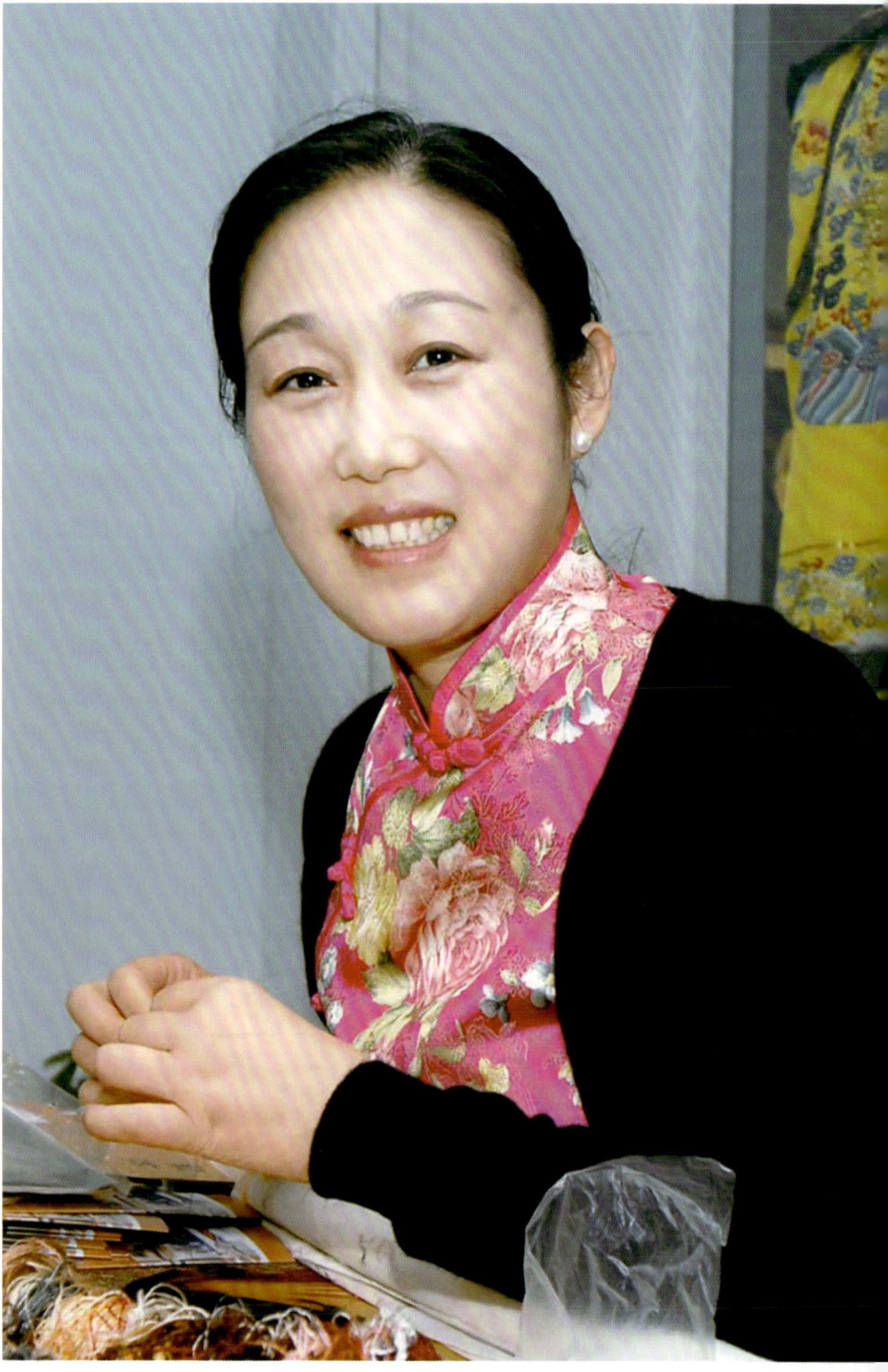

感兴趣的问题

1. 天天坐在绣花绷前,有厌倦的时候吗?
2. 不少手工艺都面临失传的危机,现在学刺绣的是不是也越来越少?
3. 刺绣作为一门古老的手工艺,如何传承和创新?
4. 随着阅历的增加,对艺术的审美发生了怎样的变化?
5. 怎样不断从生活中汲取养分,让自己保持艺术创作的活力?

受访者
姚惠芬

采访者
蒋菡

采访时间
2021 年 5 月 4 日

我就守着我的绣花绷,我就盯着手里这根针

蒋:
您第一次拿起绣花针大概是多大?

姚:
五六岁吧,我真正开始学是 9 岁。我们家里面都是干这一行的,我的奶奶和妈妈做刺绣,爷爷和爸爸都是设计刺绣图案、稿件的。我和妹妹在这种家庭氛围中长大,绣花针、绣花绷就像我们的玩具一样。我们家那边是刺绣之乡,家家户户的女孩子都在做刺绣。

蒋:
是个谋生的手艺。

姚:
别人可能就把它当个谋生的手艺,但我觉得我既然学

了这一行，就要把它做到最好。

蒋：这可能也是那么多女孩刺绣，最后您成了大师的原因。

姚：有人觉得刺绣太难了，改学裁缝。有人看到有段时间缂丝比较赚钱，就转学缂丝了。我从来没想过要转行学其他的东西，我就守着我的绣花绷，我就盯着手里这根针。

蒋：家里都干这一行，应该对您的成长有比较大的影响。

姚：是的。我爸爸和爷爷都在刺绣发放站，给绣娘们发放刺绣图案，然后回收绣品，再交到苏州的刺绣厂去。我刚开始学的时候，是跟奶奶、妈妈一样，绣实用品，主要是在桌布或被面上绣一些东西。后来我爸爸看到别人绣工艺品绣得蛮好的，就找师傅来教我。我就开始绣小猫、金鱼这些东西。从实用品转向工艺品，对我来说是跨出了一大步。我们当地跟我同龄的那些小姐妹，大多还没有意识到也没有机会去跨出这一步。

后来有一次，我跟我爸到苏州去交绣品，看到有个老师在绣《蒙娜丽莎》。当时在乡下是根本没有机会看到这类作品的，我心里产生了很大的震动——苏绣中竟然还有这样高超的技术！那时候在乡下看到的与人物有关的刺绣，要么是绣佛像，要么是绣被面上的《百子图》，对技术的要求还停留在平绣层面上，是比较传统的针法。看到这幅《蒙娜丽莎》之后，我就产生了一种强烈的愿望，我也想去学这种技艺。其他人可能没机会看到这样的作品，而我因为跟着我爸，有机会开眼界。

蒋：

开眼界很重要，这幅作品给您打开了一扇窗。

姚：

是的。原来觉得难道苏绣就这样吗，就是绣些小猫、金鱼？我不太愿意像上一辈绣娘那样，不断地重复自己，为了绣而绣，我很不愿意做这样的事情。有的人喜欢绣重复的东西，因为熟能生巧，赚的钱多一点，她们觉得刺绣就是农闲的时候为了贴补家用来做的一个手工活儿。但我不是这样想的，就算是绣猫我也希望能绣出各种各样的猫的图案，不要老是同样的。我希望多学一点东西，还想要绣一点自己喜欢的东西。有人在绣的时候会想着怎么偷懒，我反而会在一些细节的地方动一点脑筋，在老师教的基础上面做一些不同的处理。刚开始的时候我可能没有意识到，其实这样做出来的东西已经是在做初步的创新了。

你如果认准了一条路，不要想太多，只要坚持

蒋：

学绣人物肖像是您跨出的又一大步。

姚：

是的。自从有了学绣人物肖像的念头，我就一直让我爸给我去苏州找老师，他也到处托人去帮我找。我走到现在要感谢我的父母，因为他们的想法比其他父母要开明很多。我当时刺绣的收入比村里小姐妹的要高，而且 20 岁出头的年纪在乡下已经到了要找对象嫁人的时候了。但我不愿意那么早结婚，他们给我介

绍的人我也不愿意去看，就想出去学刺绣，这样家里会少一份收入。我到苏州还要租房子，一般父母不会支持，但我父母说"你想学就去吧"。

我爸托人给我找到了苏州刺绣研究所高级工艺美术师牟志红老师，她是苏绣大师沈寿的第3代传人。本来牟老师也不愿意收我，但因为是我爸托他的发小介绍的，她就说试试看吧。牟老师让我3个月内绣一幅肖像，她会过来做些指导，如果我听得懂、能理解，最后绣出来的东西她能看上眼，她再正式收我当徒弟。

蒋：

这3个月的"试用期"是怎么度过的？

姚：

我在离牟老师单位近的地方租了房子，她隔几天就来指导一下。我到新华书店买了本挂历，上面有一幅法国油画作品《花神》，我就跟老师商量绣这个。我描好稿给牟老师一看，她都没想到我能描得这么好。我把那幅画挂在床头，白天刺绣，晚上就躺在床上看着那幅画揣摩，脑子里过一遍：今天白天绣了什么地方，用的什么针法，老师来教了我什么，哪些地方要修改，明天绣哪些，怎么绣。

3个月后作品出来了，牟老师很吃惊。她说"没想到你能绣出来，我给你3个月的时间原本是想让你知难而退的"。她还说"你跟我在研究所的那些徒弟完全不一样。她们是被动地学，你是主动地要，所以效果是完全不一样的"。

对她那些徒弟来说，刺绣就是上班，8小时工作。我呢，争取到这么个机会很不容易，所以拼命地想要学，一天绣十几个小时。老师说的我都能吸收，而且还会自己想办法来琢磨怎么绣更好。

蒋：

年轻的时候，能够心无旁骛地去努力追逐梦想，这种经历特别美好。

姚：

是的。但一个人在外学艺的确很苦。在家里的时候，虽然是在乡下，但我什么事情都不用自己操心。到了苏州，我租了个矮矮的老房子，房子里就放了一张床、一个绣花绷。刚去的时候是冬天，房子里冷得要命，我手上都长满了冻疮。但是既然走出了这一步，我就一定要赶紧学出来。

我住的房子在闹市当中，但我从来不出去逛街。后来第二年，我妹妹也来跟我一起学，我有了个伴儿。我一般都是集中买一次菜，然后两三天不下楼，我妹妹负责做饭。我有一次好像有 20 天没下楼。那时候每天做饭还要生炉子，熏得要命，每次生炉子都被熏得像哭了一场。生炉子的柴火没有了，我们就在傍晚背着包去马路上捡点树枝。那段时间虽然很苦，但这苦是我自找的，我认了，我愿意。

蒋：

这幅《花神》对您应该特别有意义。

姚：

《花神》绣出来以后，我开始真正觉得自己可以把刺绣干好。那是我刺绣生涯中一个重要的转折点。

蒋：

您看上去很温和、很温柔，但骨子里有种特别强的韧劲儿，温和而坚定。

姚：

我自己想做的事情是会坚持的。

有些当年跟我一起去苏州学艺的，甚至基础比我好的，后来也没能做到像我今天这样子。为什么呢？我就是想每天进步一点点，一个月、两个月、三个月可能没什么感觉，但三年、五年你会有一点感觉，八年、十年就真的远至千里了。所以，不管遇到什么，我都要坚持下去。

这两年我去外面讲课的时候，有的同学会问："老师,我现在碰到了一些问题,很纠结,不知该往哪里走。"我说:"你如果认准了一条路,不要想太多,只要坚持。"必须坚持、坚持再坚持,虽然很艰难,但跨过了那个坎儿,可能前面就豁然开朗了。

蒋:
在您 30 多年的刺绣生涯中,有没有哪个坎儿是让您觉得最难跨越的?

姚:
参加"威尼斯双年展"的《骷髅幻戏图》那一组作品的绣制过程很磨人、很痛苦。我一直说这是我几十年刺绣创作生涯中最痛苦的一次,因为我要拼尽所有的积累去创作,很受折磨。作品完成的时候,我好像把自己掏空了,有种虚脱的感觉。

这组作品的题材是在邬建安老师的建议下创作的,以传统苏绣针法对传统的文人画进行绣制。乍看似乎是回归苏绣的传统,但创新就发生在这个回归过程之

苏绣《骷髅幻戏图》

中。按照传统的做法，每一幅作品，哪怕是大的作品，一般也就使用几种或者十几种针法，这样已经很多了。但这组作品用到了苏绣传统针法中的50多种，我们把能用的传统针法几乎都用上了，也用尽了。在此基础上，我们又组合新的针法，从传统苏绣讲求的"和而不同"变为追求"不同而和"，这完全是一个颠覆性的刺绣创作理念。

之前我们的创作，在选定题材的时候就知道自己要使用什么针法。但这一次，我把上一块绣好之后，完全不知道下一块要用什么针法。我对整个作品最后能呈现出什么样的效果，一开始也完全无法想象，所以我每天创作时，都是在纠结、煎熬中度过的。我要把不同的针法、绣法进行组合，还要顾及徒弟、学生们绣的过程，还得给他们进行调整。有些针法很多年不用了，要用到这个作品中去，又没有很多时间来尝试，很难。所以3个月后，等那批作品终于做出来的时候，我头发都快全白了。2017年上半年创作完这个作品以后，下半年我都不能动脑筋了，一动脑筋就头晕。

蒋：

真的是绞尽脑汁，倾尽全力。

姚：

但我还是那句话，再怎么难，只要坚持下去，跨过了那道坎儿，你整个的创作空间又扩大了。那是一个很大的蜕变，好像从老师灌输给你的模式、设置的条条框框中完全跳了出来，不管是从题材上还是从针法的运用上，都有了无限的创作空间。

我一直觉得创新是个水到渠成的过程，因为你为了创新而创新的话，出来的东西会比较刻板，如果是自然流露，就会很舒服

蒋：
您如何看待创新，尤其是刺绣这样一门古老手工艺的创新？

姚：
我一直觉得创新是个水到渠成的过程，因为你为了创新而创新的话，出来的东西会比较刻板，如果是自然流露，就会很舒服。像《骷髅幻戏图》系列作品，说是创新，其实也是基于我这么多年的积累进行的传承和总结。

蒋：
如果说《骷髅幻戏图》是致敬过去的一种创新，那么您的另一组作品《苏州新梦——园林组画》更像是面向未来的一组创新。前者的创新主要是在针法、技法的组合上尝试了各种可能，后者则是在整体设计和光影色彩上有了全新的突破。

姚：
它们的创新是两个方向上的东西。
近年来我们也尝试在刺绣之中加入一些新颖的设计，《苏州新梦——园林组画》系列就是这样的。在题材的选择上，我考虑苏州园林是苏州的世界文化遗产，苏绣是苏州的非物质文化遗产，两个文化遗产结合在一起，是独一无二的。而我想做园林，又想做不一样的园林。实景复制照片我不太想做，希望能有个全新的呈现方式。于是我们请了上海的一个设计师和我们共同设计，首次采用计算机对原始图片进行光影和色彩的数字化设计，加入了很多当代的设计元素，形成了非常新颖的构图和奇幻的光影色彩。

苏绣《苏州新梦——园林组画之沧浪亭》

蒋：

我第一眼看到这组作品就觉得特别震撼，视觉冲击力特别强。面对这组作品的时候，会特别强烈地感受到，在苏绣的过去与未来、传承与发展之间撞出了火花。

姚：

很多人都说，看了这组作品后会有眼前一亮的感觉，可能因为这组作品比较符合现代人的审美观念。年纪大一点的人可能会喜欢原来那种从摄影作品中照搬的作品，但年轻人更喜欢我们现在做的这组作品。这也是苏绣接轨当代设计的一次创作。

蒋：

您还自创了简针绣这种刺绣技法，这是另一个层面的创新。

姚：

无论哪种创新，都是在长期积累的基础上，通过不断地探索和努力才能够实现。简针绣就是我绣了几十年后，经过不停地研究、实践才发明出来的，它是"用最少的传统针法来创作最简练刺绣作品"的一种技法。我是从1988年开始跟牟志红老师学习仿真绣的，到

1994年，又开始跟着中国工艺美术大师任彗娴老师学乱针绣。任老师在乱针绣的基础上发明了虚实乱针绣，能绣出素描一样的效果。我后来在虚实乱针绣的基础上再做一个减法，发明了简针绣，大量地留白。传统的苏绣针法在有些地方是不断堆叠的，是一个很繁复的过程。而我这个简针绣是在传统针法或题材的基础上做减法，做到简而又简，简到不能再简，但要"以简为美"，做到"针简而意不减，针不到而神到"，图简、色简、针简，表现力却不减。

在简针绣中，一根看似简单的线条其实就可能有很多微妙的变化，包括色彩浓淡的变化、针法的变化、丝线粗细的变化。比如，我绣《达·芬奇自画像》的时候，就在思考怎么用简单的线条和针法表现出老人须发的质感。一个健康老人的须发，如果你去拉一下，会发现它是具有弹性的。为了让人物的头发、胡须显得更精神，我用颜色更深的线紧贴着绣好的线条加绣一遍，觉得有些线条力度不够，就有顺序地加深、加粗。所以一根线条也有粗、细、浓、淡、深、浅的变化，要采用滚针、接针等几种针法，这是一种"活"的线条。

蒋：

给一根线注入了生命，在绣制过程中融入了自己的理解。

姚：

我们有一个老师就说："你为什么要去创作这幅作品啊？它已经是全世界著名的一幅画了。你如果做得不好的话，就是一个败笔，对你的艺术声誉也有影响。"我说这个没关系，因为我绣出来的东西是我所理解的《达·芬奇自画像》，不是对原画的复制。尤其是简针绣，如何做到"简"？它需要创作者在对原画理解、消化的基础上进行提炼，再进行创作。

蒋：

看似简单，实则很不简单。

姚：

看似简单的线条，你把你思考的东西融入进去以后，就成了不简单的一个表达。有时候越是看似简单的东西其实越难做，因为这种减法是将技法和创作理念进行高度提炼，它对创作者的审美有着更高的要求。所以简针绣是一种创作，而非一个可以批量生产、复制的东西。

但是客人们往往觉得这是简单的东西，他们会说"你把这幅作品出让给我以后再绣一幅就行了"。我说"不是，因为在简针绣创作中的每一个节点、每一个想法、每一种灵感，都是唯一的，我再去绣，是不可能有绣第一遍时的那种感觉的"。

蒋：

简针绣表达了您怎样的审美和创作理念？

姚：

从学刺绣到现在，我看惯了花花绿绿、花团锦簇的那种风格，但简针绣的色彩也简、针法也简、线条也简，就像我们现在的生活一样，要做减法，你去掉很多多余的或繁杂的东西，让一切归于简单，才能让自己的心真正静下来。

做艺术的会有一些自己的坚持

蒋：

开绣庄既要搞艺术又要考虑市场，您如何

姚：

到镇湖镇办绣庄的头十几年，我会接一些客户的高定（高级定制），自己做。那时候我们绣庄还没有什么底

看待艺术和市场之间的关系？	气，首先要把绣娘们养活。1998年，办了绣庄半年之后，我们才接到第一个订单，当时我的压力还挺大的。第一年的营业额才3万多元，很难维持，到年底要给绣娘们发工资，我甚至把女儿的压岁钱都拿出来用掉了。特别的难，真是到了连房租都付不起的那种状况，但还是要坚持。我们开绣庄租了十几年房子之后，才买下了现在这个房子。 后来绣庄能正常运转了，我就不太接别人定制的东西了，不太愿意被客人牵着鼻子走，因为你接了他的订单，就要完全按照他的想法来做。但如果我自己创作，就可以自己想怎么绣就怎么绣。
蒋： 如果有您自己想保留的作品，遇到有人出高价想买下的情况呢？	**姚：** 有幅作品有人出到了100万元，我也没动心，就是要自己留下。做艺术的会有一些自己的坚持。 有一次，有人看上了我20岁时绣的一个双面的猫。我不愿意出让。他说："你是不是不缺钱？去别的绣庄，人家会推荐说这幅也好，那幅也好，为什么我们看中的东西你不卖呢？"我说我也缺钱，要养活很多绣娘，但不能因为钱就把自己心爱的东西出让。 2006年，我去法国里昂的一个工作室，在一个画廊看到一幅速描的少女像，就觉得太漂亮了，想把它绣制出来。放下行李，我马上回到拐角的楼梯口，把那幅作品拍下来，回来就开始创作。后来参加一个展览时，有人问我可不可以出让那幅作品。我说"不可以，我自己喜欢，你要的话，可以预订第二幅"。第一幅我必须留下来，因为绣的时候融入了自己的很多想法和灵感，第二幅就会放松自己，已经绣过了，是在重复自己的作品而已。

蒋：
作品里收藏着你的某一段人生。在您的那么多作品里，有没有自己最钟爱的？

姚：
其实每个阶段都有自己喜欢的东西。就好像生了很多小孩，也说不出哪个是自己最喜欢的，因为都喜欢。所以我把每个阶段自己喜欢的作品都留了下来。看着这些作品，就像看着自己走过的每一段路，创作时的心境会浮现在眼前，包括原来创作时是怎么想的，或者做到哪个局部特别难而做不下去的时候，是怎么处理的。

蒋：
所以没办法说哪件作品是"最"，因为它们代表了每个阶段的您。当您特别用心地去创作一件作品的时候，您的人和手中的丝线是合一的。

姚：
还有人看过我的作品之后会说："姚老师，我在你的作品中看到了你的影子。"我说："是啊，绣着绣着时间长了，可能就会有自己的影子在里面了。"

蒋：
这条街上有这么多绣庄，怎样让自己的绣庄独树一帜，不可复制？

姚：
在镇湖，我们是第一家以自己名字命名的绣庄。在经营绣庄的同时，每年我们都在创作一些新的作品，也会出去参加一些全国性的展览、评比，获了不少大奖。因此，哪怕后面出现的绣庄模仿我们也没有用，我们一直有新的东西创作出来。我是一直有一种要走在前头、要去创新的意识的。

蒋：
创作出优秀的刺绣作品需要什么样的条件？

姚：
一幅刺绣作品既有原稿作者的创作思路，又有绣娘对原作的理解和再创造。因此，要创作出好的作品，要有好的原稿、好的手艺，更要有好的理解、好的观念。

蒋：
好的理解、好的观念从哪儿来？

姚：
看画展、逛博物馆、读书、听课，都是积累，不会立竿见影，但你看过的东西会在你的脑子里留下印记。它们看似无用，但在你真正要创作的时候，都是能给你提供营养的东西。

2015年，我在美国看到一个达·芬奇的素描展，当时真是欣喜若狂，就想把它们绣制出来。每一幅作品都特别美，我一幅一幅地反复看了几遍，才依依不舍地走。每次从国外回来，我都会带很多画册，收获很大。别人去买奢侈品，我都没兴趣，就想看看美术馆、博物馆，一直看到眼睛累得睁不开了。

每次去北京，我都会留出半天时间去中国美术馆看看，里面的东西都会给我一些启发。我还会经常参加一些研修班。有人会不理解我为什么现在还要去参加研修班。我觉得一定要多看、多听、多想。有些东西需要长期积累，潜移默化中会影响你的一些创作、一些思路，所以你要是没有这么多的积累，闭门造车是造不出什么东西来的。

蒋：
不断地汲取养分，不断地激发灵感。

姚：
如果想在每一个阶段都创作出新的东西，就不能停在原点，一定要多学习。艺术创作要想一直不停地往前走，眼界的开阔、观念的改变是最关键的。

我们一直就要求自己把事情做到极致，这么多年就是这么认认真真、心无旁骛地做这件事情，而且一直在坚持

蒋：
在您的艺术道路上，有没有某句话对您影响特别深？

姚：
任老师一直说，做艺术品没有百分百的完美，但是你一定要尽自己的努力把作品绣好，这一点对我的影响非常非常大。而且任老师做事非常认真，为人比较低调，对一些荣誉上的东西看得比较淡泊。这一点我也深受影响——人品即绣品，绣品即人品。有时候你无须过多地去宣传自己，而是首先把作品做好。

蒋：
有没有您觉得失败的作品？

姚：
如果不是特别满意的作品，我不会装裱，会重新调整。小改就是在上面再绣一层，如果大调就要拆掉重绣。有时候绣到一定程度就放下，过一两个月再去修改，并不是像画家那样一气呵成，有很多作品我都是反复调整的。有一幅作品我修修、改改、放放，跨了10年的时间。有的作品出让后，我还会再修改个半天一天，因为我觉得虽然我只花了半天一天改，但他们拿回去以后，可能要看个十年八年。除了创作，修改花了我大量的时间，就像任老师说的，艺术没有百分百的完美，但我希望我的作品少留点遗憾。

蒋：

所以这个还真是跟书法、绘画不一样，它们落笔了就不能改了，刺绣还可以改。但改又是没有尽头的，跟写文章一样，每看一遍，都能改动一点，多一个字、少一个字，甚至用逗号还是用句号，都可以改。

姚：

对。每个人都有自己的审美，而在不同阶段自己的审美也会有变化，所以我们就尽量做到当下自己觉得满意的效果。

蒋：

精益求精，这也是工匠精神的体现。

姚：

原来一提到工匠精神，就说日本怎样怎样，我不赞同这样的说法。我说中国不缺工匠精神，只是我们不会说。我们就是几十年如一日地在这么做。

虽然这几年才广泛地提到工匠精神，但我们一直就要求自己把事情做到极致，这么多年就是这么认认真真、心无旁骛地做这件事情，而且一直在坚持。虽然其他事情可能更赚钱、更省力，但刺绣这件事情是我自己喜欢、热爱的事情。

蒋：

热爱是最好的老师。

姚：

不管遇到什么问题，只要坐到绣花绷前，我就会忘记一切的烦恼。拿起绣花针，就有了一个让自己静下来的理由。其实刺绣就是一个自我修行的过程。虽然在重复一些看似简单的动作，但在这些动作中，也在不断地自我升华。

在外人看来，刺绣很枯燥，但因为自己喜欢，所以我乐在其中。甚至我有时候会说，刺绣已经成为我的一种生活方式，已经融入我的血液当中，我就是为刺绣而生的,而且我觉得我有责任来把刺绣做得更好。

蒋:
从谋生到艺术再到这种责任感、使命感,就是一种自我升华。

姚:
我是国家级的非遗传承人,所以责任感、使命感非常强烈,我要思考到了我们这一代,怎么样把这个技艺传承下去。我碰到两个好老师是我的幸运,两个老师碰到我这个学生可能从某种程度上也是她们的幸运,但我现在要想找到一个得意的弟子很难很难。

我从 20 岁左右就开始带徒弟了,到现在也不知道教了多少人。有的人做得挺好,后来自己去开绣庄了。但自己去开店之后,要维持绣庄的运转,往往很难再有精力去提升技艺,这也是蛮矛盾、蛮纠结的。

我们现在的绣娘大多是本地的老的绣娘。就拿 2017 年我们参加"威尼斯双年展"的作品来说,那些绣娘的年龄都在 40 岁到 55 岁,30 多岁的绣娘连有些针法都没见过,青黄不接的现象非常严重。

要遇到一个热爱刺绣、主动想学又能坚持的人特别难。什么时候要是碰到这样的人,我会毫无保留地把技法传授给她。

前几年我很焦虑,因为绣娘越来越少,年轻人都是被动来学,很少有人主动想来学这些东西。我就有点有劲儿使不上的感觉。后来很多朋友劝我说,这要靠缘分,我一个人焦虑没用的,这是整个行业的事情。

蒋:
还不单单是这一个行业,很多手工技艺的传承都面临着同样的问题。

姚:
我们国家除了四大名绣,还有很多地方绣种。从事苏绣的人相对多一点,其他绣种的从业人员可能更少。后来我稍微释然一点,所以现在,有人喜欢,我们就教。这几年我也是到全国各地去讲课,包括大学、小学、传承人的研修班。还有少数民族多的偏远地方，我们也会去教。

我们去大学里教的时候，有的学生一边绣一边插个耳机听歌，还时不时地要看下手机。干这个活儿是需要特别专注的，看着手机怎么能够动脑筋呢？但我们也不能多说，说了那些孩子会不高兴。

我们当徒弟的时候，师傅看你绣得不好，会说你怎么不上心，甚至还会把你绣得不好的东西剪掉，你都不敢发声，只能偷偷哭。现在的孩子比较娇气，说不得、骂不得，一颗玻璃心。

蒋：
您的孩子学刺绣吗？

姚：
我女儿小时候，每个假期我都会让她绣一幅刺绣作品，现在她上大学了，不怎么绣了。你越说她越逆反，说"你喜欢又不代表我喜欢，我有我自己想做的事情"。

心静才可能精心，耐得住寂寞才可能出好作品

蒋：
作为绣娘，特别重要的基本素养是什么？

姚：
静，对于绣娘特别重要。心静才可能精心，耐得住寂寞才可能出好作品。心不静，出来的东西有"烟火气"，瞒也瞒不住。

苏绣艺术并非简单描摹。走过了最初的摸索研究阶段

后，情感、想象成了创作的先决条件。作品如果没有想象力，少了情感投入，往往就缺乏创造力，没有精神和生命力。情感、想象又和宁静、清净的心境有关，所以要远离与艺术创作无关的杂七杂八的人和事。人的精力有限，不用在这里，就用到那里。

蒋：
您现在每天还刺绣吗？

姚：
只要不出差，我基本上每天都会绣。我一直说刺绣是我的生活方式。对我而言，刺绣就和吃饭、穿衣一样，是每天要做的事。

牟老师现在还在绣，任老师直到故去的前几个月也还在绣。到了七八十岁，不会绣特别精细的东西了，但绣出来的东西又是另一种感觉，所以每个年龄段会有每个年龄段的东西。

只要身体可以，我也会一直绣下去，因为刺绣已经是我的一种生活方式了。

蒋：
业余时间您会做些什么？

姚：
看书、看电视，很简单，就是放松一下。干这一行，要长时间地坐着，有严重的职业病，颈椎、肩椎、眼睛都不行，腰特别不好。

为了绣制参加"威尼斯双年展"的作品，我一天要绣十七八小时，严重透支。现在一下坐3小时，腰就不行了。有朋友让我每1小时起来走一走，但我说那样会打断创作。

蒋：
这么多年您得到了很多奖项以及肯定，最

姚：
经过一年、两年或者更长时间的创作以后，当作品真正完成的时候，我很有成就感、很高兴，因为这个过

开心的是什么时候？ | 程很漫长，但很值得。反而有时候多拿一个奖项，觉得没什么。

蒋：
如果有机会重新选择，您还会选择刺绣吗？

姚：
我还是会毫不犹豫地选择这条路，这就是最适合我的路。

蒋：
一辈子做刺绣这一件事，是一种什么样的体验？

姚：
很开心，因为是做自己喜欢的事情，很幸运。

蒋：
您开始学刺绣的时候是绣实用品，后来是工艺品。我小时候家里也有绣花的被面、双面绣的小猫，但现在刺绣好像离人们的生活越来越远了，如何让它离人们的生活更近一些？

姚：
刺绣是从实用品到工艺品，再到艺术品，现在又成了收藏品。刺绣不能光是高高在上，让博物馆、美术馆来收藏，还要走进百姓家。刺绣本身来源于生活，现在要慢慢回归生活。我们现在也在做这方面的尝试，在跟一些服饰、家装品牌联合创作一些衍生品，跟影视剧也在合作。

前段时间我们跟一个童装品牌合作。我觉得让小朋友把刺绣穿在身上，让他们能看到、体验到，以此给他们留下的印象，比你用几句话去介绍要深很多。通过这样的方式，让他们从小接受传统文化的熏陶，播下这么一颗种子，他们长大以后会对这些东西更加热爱。

蒋：
这几年国货回潮，汉服大行其道，刺绣也可以尝试着融入其中，

姚：
还是需要创新。当下是互联网的世界，受众在变，市场在变，苏绣也要变，不能停步。要想为市场提供精良的产品，满足当代人的需求，苏绣只有创新发展才

打造出一种新的时尚。如果这条路走通了,刺绣的吸引力会变得更大,想学的人可能也会更多。

能做到。不懂传统,创新无从谈起;没有创新,传统难以为继。

坚守传统与创新突破、保持特色与融会中西都是苏绣要做到一体两面所需要具备的要素。

印象

一幅"双面绣"

蒋菡

看到姚惠芬的第一眼,我就觉得她正是我想象中的样子,有一种在江南水乡里滋养出来的温润之美,还有从一针一线中熏陶出来的静雅之美。面容柔和,语调温和,心态平和,这是她的一面。

当采访徐徐展开,我又发现了她的另一面:坚定,坚韧,坚持。她明确地知道自己不想要什么——不愿意重复自己,也明确地知道自己想要什么——守着绣花绷,盯着手里这根针。

温和而坚定的她,像一幅双面绣。

她40年如一日,日复一日地穿针引线。这种重复,用另一个词来表达,叫坚持。她不断探索着新的题材、新的表现方式、新的创作思路。这种不喜欢"重复",用另一个词来形容,叫创新。

在重复中"不重复"的她,也像一幅双面绣。

年轻时,她不满足于熟练地绣些小猫、小鱼、小花,为了学习难度更高的刺绣技艺,跑到苏州拜师。十多年的时间里,她孜孜不倦地学习,掌握了平针绣、乱针绣的全部针法,又自创了简针绣这一技法,有了自己独创的刺绣形式与审美表达。再后来,她去博物馆、美术馆、艺术馆参观学习,不断汲取新的养分,化为创新的源泉。她让刺绣和园林这两个苏州"名片"在一组作品中相遇,大胆配色,数字化设计构图,让站在作品前的你感受到两种文化遗产在碰撞中火化四溅。她用尽平生的积累和气力,把50多种传统针法融入作品《骷髅幻戏图》系列,并组合运用新的技法,让矛盾的画面呈现出一种别样的和谐，令传统苏绣在回归本体性的创作过程中有了全新的创造与升华。

每跨一步，都是一次艰辛的探索。每次突破，都是一次痛苦的涅槃。也正因为姚惠芬费尽心力地追求"不重复"，使得苏绣这门古老手工技艺的空间得以不断拓展。她的艺术人生，则因此更丰盈，更有无限可能。

当技艺、审美、经验、理念积累到某种程度，才可能实现艺术创作上的自由，进行天马行空、挥洒自如、畅快淋漓的自我表达。就像山本耀司说的："我从来不相信什么懒洋洋的自由，我向往的自由是通过勤奋和努力实现的更广阔的人生。"

54岁的姚惠芬已然体会到这种"广阔"。虚与实，简与繁，传统与现代，传承与创新，艺术与市场，看似矛盾的一对对名词，却似乎都没有令她产生多少纠结。她自有定力，自有判断，自有绣出不同而和的"双面绣"的底气。

郑春辉

把精力放在最值得的地方

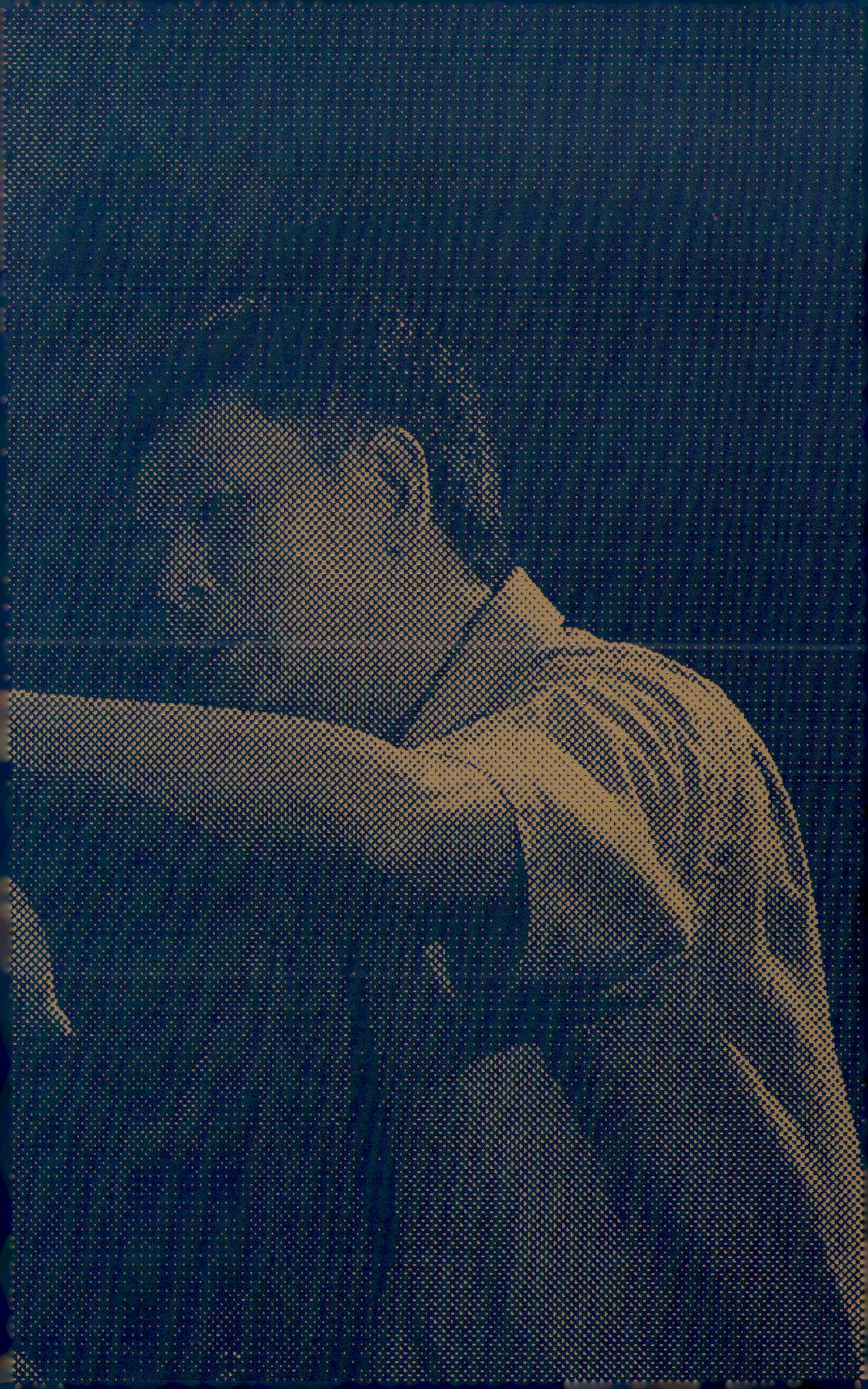

把精力放在最值得的地方。 —— 郑春辉

郑春辉

福建省非物质文化遗产保护项目（莆田传统木雕技艺）代表性传承人，中国工艺美术大师。其把传统木雕手艺做到极致，将家国情怀融入其中，培养了大批木雕技术人才，创作的60多件作品荣获国家级、省部级奖项，代表作品为大型木雕《清明上河图》。

1968年1月
出生于福建省莆田市

1985年
初中毕业，进入泉州雕刻厂

1995年
成立莆田市腾辉工艺厂

2013年
被福建省人民政府评为"福建省劳动模范"；完成木雕作品《清明上河图》，其长12.286米、高3.075米、宽2.401米，创吉尼斯世界纪录

2014年5月
被福建省人民政府授予"福建省非物质文化遗产保护项目（莆田传统木雕技艺）代表性传承人"称号

2018年
获评"中国工艺美术大师"

2020年
获评2019年"大国工匠年度人物"

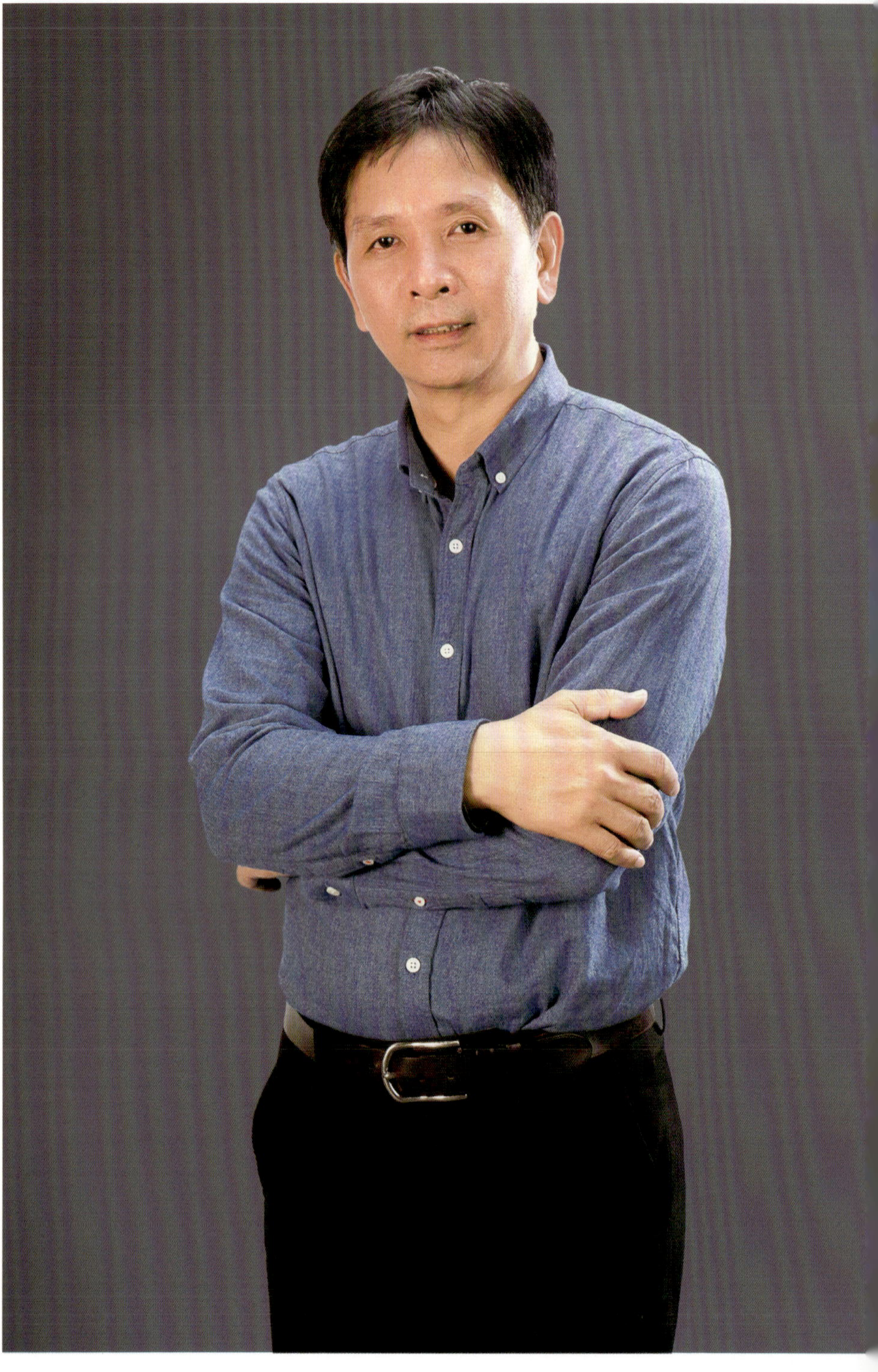

感兴趣的问题

1. 乡土和乡愁如何滋养一个艺术家?
2. 怎样开辟出山水田园木雕这条新路的?
3. 在创作《清明上河图》这样一幅宏大作品的 4 年中,经历了什么?
4. 作为被授予"大国工匠"称号的民间手艺人,如何看待木雕这门手艺的价值?
5. 作为一个非物质文化遗产保护项目代表性传承人,如何看待传承和创新的关系?

受访者
郑春辉

采访者
蒋菡

采访时间
2020 年 10 月 23 日

乡愁、乡土,我觉得是最能净化人心灵的

蒋:

这是我第一次来莆田。我对于莆田这个地名的最初印象跟桂圆有关,小时候吃的桂圆袋子上都印着"莆田桂圆"这几个字。作为一个土生土长的莆田人,您会怎样向别人介绍您的家乡?

郑:

莆田是妈祖文化的发祥地,距离市区 30 公里的湄州岛上有妈祖庙,它有海上布达拉宫之称。作为一个沿海城市,妈祖文化是莆田人的信仰。妈祖文化的核心是扶危助困,可能是因为渔民之间更需要这种相互之间的扶助。这种文化对我的为人处世和看待世界的角度都有很大的影响。

莆田还是全国工艺美术门类最齐全的一座城市,木雕是基础,所有其他的工艺美术都是从木雕脱胎而来

的，比如石雕、玉雕、竹雕，但木雕是最古老的。莆田的佛像造像技术在全国应该算是最好的。

我也是从雕佛像开始的，后来转向了雕山水。我喜欢山水，喜欢诗，把它们与木雕相结合，开创了一条适合自己的路。

蒋：

现在的莆田跟您儿时的莆田相比，变化不小吧？

郑：

我们这里属于兴化平原，以前特别漂亮，是非常美的水乡，但是很可惜，在城市化的过程中有一些东西没有保留住，特别可惜。很多老房子都拆了，以前房子的墙是用土垒起来的，屋顶是用瓦片砌成的，特别漂亮。

为什么叫莆田？原来"莆"字是有三点水的，蒲草的"蒲"。蒲草是一种长在水里或沼泽地里的植物，我们这里原来是一个蒲草丛生的地方。这里有一条木兰溪，后来建了一个木兰陂（编者注：福建莆田古代水利工程），把上游的水截住了，形成了一个水库。通过两边的支流灌溉木兰溪两边的土地，形成了兴化平原，本地话又叫作南北洋平原。人们在南北洋平原种植水稻、甘蔗，在支流两岸种植荔枝树，所以莆田的别称为荔城，非常漂亮。

在我小时候，看到的是这样的画面：蜿蜒的溪流，两边都是荔枝树，村庄散落在溪流两边，旁边是平坦的农田。每个村庄都有石桥，石桥一般由两块特别长、特别宽的大石头横跨过去，有的没有栏杆。一般来说，村庄会在北岸，农田会在南岸。黄昏时候，农民会牵着牛走过石桥回到村庄。桥的旁边有一级级台阶下到水面，有人在洗衣服，水面上有水鸭游来游去，还有运货的船，大多是运沙的。村庄掩映在一整片的郑：

荔枝林当中，然后炊烟袅袅从荔枝林里升起来。房屋是红瓦白墙，红瓦时间久了会变成黑瓦，黑瓦白墙也非常漂亮。

蒋：

这不就是世外桃源的样子吗？生长在这样一个美丽如画的地方，可能自然而然地会萌生一种想法，就是用艺术的形式把这种美留下来。

郑：

我保留着一本20世纪90年代出的县志，那里面有一些莆田的老照片，我很喜欢看这些老照片。

我生活过的村庄就在木兰溪旁，我写过一篇散文叫《故溪梦中流》。小时候生活的那个地方已经没有了，再也找不到了，只能在梦中相遇。我们心里很矛盾，既希望城市变得更加现代化，变了之后，又总觉得少了点什么。

蒋：

我的家乡在江南，小时候有着星罗棋布的河流、池塘，现在很多也都消失了。

郑：

小时候，我们村里池塘也很多，一个连着一个。池塘两岸都是瓜架子，瓜都垂到了水面上。我们学游泳的时候，就两只手抓着瓜架子扑腾，直到不抓也不会沉下去，就学会了。那时候我们还摸田螺、抓鱼，有时候还会被蚂蟥咬。

创作需要生活体验和情感的积蓄，小时候的经历对我后来田园风格的形成起到了很大的作用。

蒋：

虽然儿时的那种场景很难再现，但它已经成为您人生的底色、艺术的底色。

郑：

后来我把古典诗词融进来，也是根据这些经历而来的。有个诗人叫钱珝，他当年去抚州，途经长江边上看到农民在收割稻谷，就想起了自己的家乡，说："万木已清霜，江边村事忙。故溪黄稻熟，一夜梦中香。"

像这样的诗，你第一遍读的时候眼泪就会冒出来，因为你有那样的过往,被它触动了那份同样的情感,尽管诗的字面上没说思乡。我现在还时常会在梦里闻到阳春三月跑过田埂踩到水田里去插秧时泥土的味道。乡愁、乡土,我觉得是最能净化人心灵的。我在一篇创作体会里写,也许现代化的都市是我们安身立命的地方,但是我们心灵的田园一定是在那个炊烟袅袅、牧童短笛的地方。

我一辈子当中碰到了很多的困难,正是因为那一段干农活儿的经历,让我始终有一种拧劲儿

蒋:

无论城市化到什么程度,人们骨子里还是会渴望亲近田园。生长在农村,您小时候少不了要干农活儿吧?

郑:

是的,我 14 岁就开始跟我母亲一起干农活儿,因为我父亲在泉州当汽车修理工,不在家。我是长子,从小就要帮母亲干农活儿。在莆田,大男子主义比较普遍,男人干家务会被人瞧不起。那个时候挑水的活儿都是女人干的,所以我去挑水,总被小伙伴嘲笑。那时候用水管控,灌溉一般都在夜里。我们村的地都是坡地,靠东圳水库的水渠来灌溉,那是公家的,白天有巡管员,到了晚上我们农户就把阀门打开偷偷用。当时水流得很少、很慢,常常要等一个通宵才能灌溉完。我白天还要上学,但当时是小孩子,也不知道累。大人们聚在树底下聊天,我就在旁边听得津津

有味。很多年后,当我读到辛弃疾的"明月别枝惊鹊"那句诗时,脑海里一下子就冒出了那个时候的场景,回想起来就觉得很美好。所以很多作品不是凭空想象的,是融入了人生过往在里头。而很多经历在当时没什么感觉,长大以后才能慢慢领悟到其中的滋味。我所有的农活儿都会干,割完一块田的稻谷以后,我可以把整块田给犁出来。那时候大多是母亲割稻谷,我打稻谷。在夏季收割碰到台风时,要把稻谷赶紧割了打出来,非常辛苦。打稻谷是在一个大木桶里头放一个梯子,踩在梯子上摔打。稻草的头部留着一截,有毒,碰了以后脚上很痒;稻叶把我的脸割得一道一道的,汗一流,很痛;打完要把稻谷装到麻袋里,用车子拉回村里,路上爬一段长坡,我每次到家都很晚,很累、很辛苦。

干农活儿是很苦的,体力倒真的是练出来了,而且在劳动中也锤炼了我的意志。我一辈子当中碰到了很多的困难,正是因为那一段干农活儿的经历,让我始终有一种拧劲儿。

蒋:

很多事情是这样,您经历的时候是苦的,但回过头来看的时候,您会发现,没有什么苦是白吃的。

郑:

我小时候特别羡慕城里的孩子。每年暑假,父亲把我们家几个小孩都带到他厂里去住一个礼拜,我们在那里吃得好,有干饭,有肉,有馒头,而平时我们就只能喝粥,配咸菜、鱼干。当时我就觉得城里的小孩特别幸福,不用干农活儿,他们的父母是双职工,都是工人,他们的生活真美好。

我一辈子想当画家，最初就想画山水画，没想到后来会去搞木雕，还成为工艺美术大师

蒋：

您小时候除了上学、干农活儿，还有其他喜欢做的事吗？

郑：

我从小喜欢画画。小时候我经常去放牛的地方有个瀑布，瀑布砸下来的声音，像钟声一样，形成的那个池塘就叫钟潭。我把牵牛的绳索盘在牛角上，甩甩鞭子，把它赶到山上去吃草，然后我就在小溪旁边跟小伙伴玩，一个人的时候就在那儿画钟潭。所以我人生的第一幅山水画画的就是钟潭，我对山水画的爱好也由此而来。

以前家里没有纸，我父亲把在单位领的出库单、领料单带回来给我，我就在背面画画，可惜小时候的画都没被保留下来。曾有一个小伙伴保存了我画的一张"刘、关、张"（编者注："刘"指刘备，"关"指关羽，"张"指张飞），那张画有点破了，后来我拿去修补，然后搬家时丢了，他一直怪我。

还有一件事我印象比较深。在我五六岁的时候，有一次父亲把我带到他单位那边，我就在他宿舍走廊的楼梯口，用粉笔在地上画了个吊车，照着他们单位的吊车画的。大人们下班回来看到这画，都说"这个孩子真厉害，画得那么像"。我父亲后来总说，我就是从那个时候开始喜欢上了画画。我记得，上学以后，课本的空白处全被我画满了，脏兮兮的。

我一辈子想当画家，最初就想画山水画，没想到后来

会去搞木雕,还成为工艺美术大师。

蒋:
那您是怎么走上木雕这条路的?

郑:
小学毕业的时候,我语文只得了73分,因为作文被判了零分。老师说小孩子不可能写出这么好的作文,是背出来的,所以我本来可以考上当地最好的莆田一中,但是后来去了一所当时比较一般的学校。

这件事对我的学习积极性造成了很大的打击。后来到了城里上初中,面对精彩的世界,我也不怎么懂得约束自己,没好好读书。而且我家工分不够,分的粮食不多,我们成天吃不饱。刚开始还能用地瓜丝加点米煮粥,后来没有米,全是地瓜丝,或者把小麦碾成片吃,吃都吃怕了,所以初中毕业后,我就想赶紧学个手艺去挣钱。

其实初中时,我也为自己的理想努力过。我去找过学校的美术老师,想加入美术小组,考美术专业。我记得我在学校门口等着那个老师,很忐忑。看到他从校门口走出来去市场,我就跟在后面,看准机会上去说:"老师,我想去美术小组。"他说人已经满了,没办法。那个时候进美术组不是全凭你画得好不好,有没有人去帮你打招呼很重要,这个也是命运。后来初中毕业,我就去学了木雕。

蒋:
命运一步步把您推向了木雕。

郑:
我父亲是汽车修理工。20世纪80年代,学修车这门手艺,然后干个体户,是挺赚钱的。我父亲有个同事的儿子就学这个,回来修理手扶拖拉机,赚了好多钱,盖了大房子。但我不喜欢,我还是更愿意干木雕,它离我喜欢的画画更近一些。当时要交100元的学徒费,我是等家里卖了甘蔗,然后用那个钱交的学徒费。

当学徒时,因为有绘画基础,所以我学得特别快,学了不久,就基本掌握了各种技法。师傅就把我当作"壮丁"来用了,舍不得让我请假。农忙季节,我母亲一个人干农活儿,因为我父亲在外地工作,弟弟、妹妹还小,所以我们家在农村算是缺劳动力的家庭。我想回去帮忙,可师傅也舍不得让我走。我挂念家里那几亩地,挂念母亲辛劳,就偷偷地走回家去。从做工的地方走回家有30多公里,我没钱坐车,就步行回去,那是夏天,到家时因为中暑就病倒了。

文学修养必须跟上,否则只会做出一个流于形式的东西

蒋:

当学徒当了几年?

郑:

一年。一年以后我就自己找活儿干了。干了半年多,我父亲把我带到了泉州,让我在泉州雕刻厂工作。在那里我没学到什么东西,就是雕些小动物,都是出口的。那时候是计件工资,雕一只鸭子两毛六,100只就是26块钱,一天做50个,一个月的工资就是300多块,在1986年还可以。那是个国营单位,20世纪80年代找到这么个工作还算挺不错的。当时家里比较困难,我就一门心思想赚钱,贴补家用。

我在那儿干了7年，后来觉得没有任何技术含量，完全就是挣工资，就不想干了。1992年我回到莆田，先是打工去雕佛像，1995年开始自己干，收徒弟，开了个家庭作坊。

蒋：
您喜欢什么样的徒弟？

郑：
我有个徒弟，今年40多岁了，几十年来，如果没有特殊事情，从没有停下过一天，特别勤奋。现在的年轻人里很难再找到这样的人了。

我喜欢的徒弟，最好要悟性好、听话、勤奋。其中，我最看重的是悟性，它是综合素质的体现。现在徒弟们比较欠缺的就是文学修养，而我创造的这个山水田园木雕体系，文学修养必须跟上，否则只会做出一个流于形式的东西。

当然，这种东西也不能硬灌。随着年龄增长，他们也会自发地去学。每个人都有自己的特点，他们未来也会走出自己的路。

蒋：
莆田当地的木雕，主要是佛像人物、装饰木雕，而您做的是山水田园风格。您是怎么走出这条特别的路的？作为一个非物质文化遗产保护项目代表性传承人，您怎么看待传承和创新的关系？

郑：
雕佛像，前面的大师已经做到登峰造极了，我也没办法超越他们，而且我觉得我的爱好、我艺术创作的倾向、我的注意点也不在人物上面，我更喜欢山水类，我又喜欢文学，喜欢诗歌，总而言之选择自己喜欢的做。我是把中国山水画在木头上面立体地呈现，之后又融入了古典诗词。因此，我的作品有三个元素，一个是雕刻的技艺技法，一个是山水画，一个是古典诗词。在这个过程中，我真的觉得中华民族5000年的灿烂文化是一个取之不尽的创作源泉。

有人说，"郑大师你是开宗立派的"，我说"不敢不敢"。最初我做了一两件山水作品，也不知道自己这个路走得对不对，就去请教了很多人，也就是不断地去求证自己。我请教过画家范曾，他对我的作品评价挺高的。他说："你对山水画空间的把握和利用在中国的雕刻家中是很少见的。"后来，在构图方面，我也不断地跟一些画家沟通。木雕更讲究层次，在构图上跟绘画不同，但有些方面还是可以借鉴的。

无论是从技法表现、题材选择，还是从作品内涵来说，木雕都不只是做单纯的传承，而是可以随着时代的发展不断地发展、创新。

多难都要走出去，因为未来有个更美好的世界在等着你

蒋：
艺术作品或多或少都会映照出创作者的内心，您的作品应该也不例外。

郑：
是的，从古典诗词中去寻找比较有内涵的作品，然后把自己的人生过往和感悟融进去，这是一条探索的路。我希望我的作品能承载思想、启迪心智。

我 2019 年创作的《松风阁》就包含了我那段时间对一些经历的感悟。我很受黄庭坚的《武昌松风阁》中两句诗的鼓舞：泉枯石燥复潺湲，山川光辉为我妍。它的意思是，溪里的石头因为没有水，被太阳晒得都干裂了，但当有涓涓细流流过的时候，整个溪流又恢复了生命，这眼前的大好山川似乎都是为我而美丽

的。我的理解是，人作为一个生命个体，会遇到很多挫折，甚至陷入困境，在任何时候都要心存美好、心存希望。多难都要走出去，因为未来有个更美好的世界在等着你。

蒋：
方不方便聊聊当时您遭遇了怎样的"难"？

郑：
我好心帮人家担保，但后来人家跑了，我不知道会这么糟糕。我给他担保了 2000 万元，还有他另一笔不是我担保的 2000 万元也要算在我头上。后来打官司，搞得我和我爱人的精神压力都特别大，我还得了慢性荨麻疹。

当时家里的钱都用来建艺术馆了，所以我拿不出钱来。那段时间我真有点后悔，不该做这个担保，也不该建这个馆。那段经历非常残酷，如果处理不好，加上罚息，那么多钱压下来，那我这个艺术馆、工作室的整个体系可能都会垮掉，真的是打击挺大的。

我原本想，朋友有需要就帮个忙，但有时候人心难测，真是不堪回首。

最后还是用工作来化解，不然人的精神真的要崩溃。我创作了《松风阁》，从作品中得到了慰藉，得到了力量。我就这么想，人间自有公道在，天塌不下来。2019 年参加新中国成立 70 周年特展的时候，《松风阁》被国家博物馆收藏。其实我觉得，生命个体是这样，一个国家也是这样。我们的国家在近代以来有一段屈辱的历史，割地、赔款元气大伤，一贫如洗。新中国成立以来，经过 70 多年的奋斗，我国成为世界第二大经济体。"泉枯石燥复潺湲，山川光辉为我妍"，整个世界都是为我们而美丽的，就是这么自信。

不断地找寻人生的智慧，还能为
国家做一点事

蒋：

人生中的种种经历，都或多或少会对艺术创作产生影响，会激发灵感，或者融入作品。

郑：

是的。2007年我爱人动手术，对我们整个家庭来说是个大灾难，好在手术比较顺利。2011年我做胃镜，医生说我胃里头有病变，要把整个胃都拿掉，那对我来说也是一个巨大的打击。那天从医院开车回家的路上，我和我爱人一句话都没说。回到家，我把自己一个人关在书房里，一句话都不说，说白了就是瘫在那里，当时就万念俱灰，感觉自己的人生就快要画上句号了。

后来我住进医院准备做手术，然后朋友拿着我的病历报告去咨询了北京的专家。专家说这不是癌症，为什么要全部割掉？又不是割韭菜，割掉了还长得出来吗？我被他的几句话点醒了，后来手术也没做。

当时准备做手术前，我们莆田的木雕大师闵国霖也得到消息来看望我。他不直接问我生病的事，就跟我聊天，走的时候送我四个字：松静自然。就是说放松，静下心来，凡事顺其自然。我找人写下这四个字，挂在书房里，每天看。

那是一场人生的大劫。那个时候，我的《清明上河图》刚做了一半，我就想如果身体垮了，那很可能心灰意懒什么都干不成了，也就不会有现在，更没有未来。经过那一劫，我对人生、对生命有了全新的认识。我开始认真思考人生的意义在哪里，做点什么事才能让自己的人生更有意义。

蒋：
每个人都是向死而生的。对您而言，怎样的人生才更有意义？

郑：
一方面，不断地找寻人生的智慧，对我而言是最大的幸福，就是不断地在学习、创作中得到感悟和启迪；另一方面，要是还能为国家做一点事，也是很美好的一件事。

这些都跟财富没有关系。经历了生与死的考验之后，我把财富都看淡了。所以人家有时候来跟我说有什么大老板来参观了，我觉得跟我没什么关系，来参观就尊重，别的没什么。

耗费了整整4年时间创作的《清明上河图》就是一个很有意义的作品。它一面雕刻的是收藏在北京故宫博物院的宋代版《清明上河图》，另一面雕刻的是收藏在中国台北故宫博物院的清代版《清明上河图》。通过这个作品我想表达的心声是：希望祖国早日统一，两岸共同传承传统文化。

我眼中的失败就是觉得它流于形式，没有精神气质，没有内在思想

蒋：
《清明上河图》做了4年，4年做一个作品是一种什么样的感受？

郑：
很煎熬。因为大的作品创作难度非常大。最难的是整个作品的布局，我想把整幅图都放进来。这块木头长12.286米、高3.075米、宽2.401米，在这样的空间

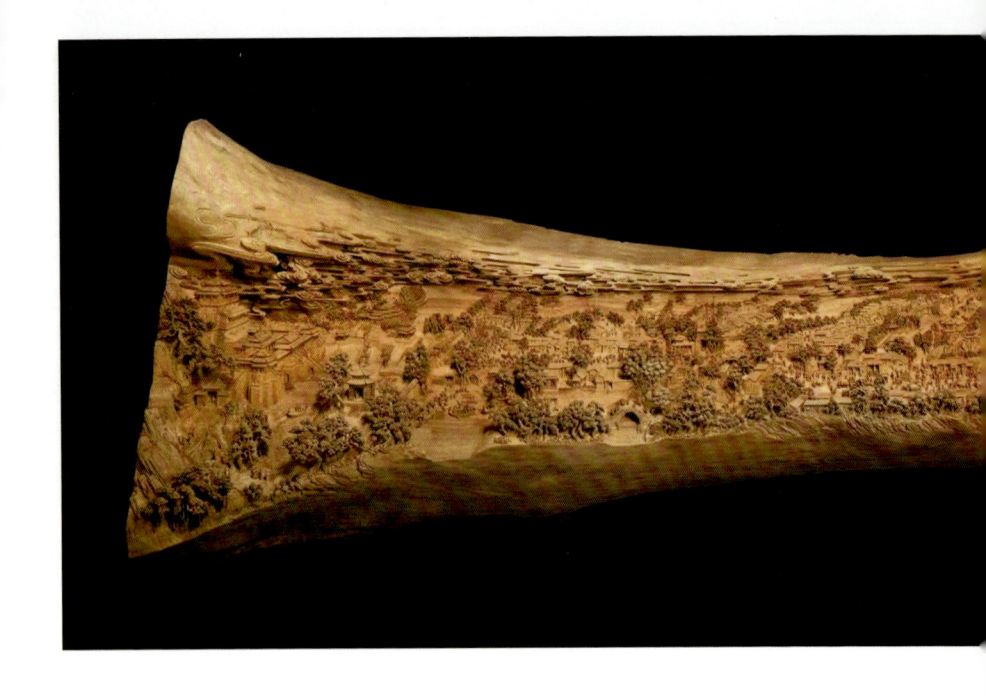

里进行空间布局非常难,不能拥挤,又要通过镂空雕使得很多东西能够立体地呈现出来,层次不能混乱。在雕刻的过程中,要把很大一部分去掉,让虹桥变得立体,很难下手。如果角度选择不对的话,从正面看很完整,但从侧面看不行,因为要是透视处理不好,全部会变形。后来我坚持把那部分挖掉,整个呈现立体感,一棵树基本上掏空了。

蒋:

这么宏大的作品,要有空间想象力,特别费脑,又要确保每个环节不出疏漏,特别费心。

郑:

你定下构图,一旦电锯锯下来,就不能后悔了。做木雕,总体布局绝对不能出问题,细节上可以微调。雕刻的《清明上河图》中那根66厘米长的纤绳让很多人赞叹,问这是怎么做到的?它的直径仅有4毫米,雕的时候稍不小心就可能会开裂甚至折断。要把

清代版《清明上河图》木雕

旁边都掏空了，就剩那根绳，单单在这块区域雕去的木料就有 1 吨重。很多人觉得这个太不容易了，其实就像你开车开熟悉了一样，等你练熟了雕刻的技法以后，也不用专门去想该怎么下刀，自然就会那样去做。

蒋：

有成功的作品，也会有失败的作品。我们外行觉得一个失败的作品可能就是哪儿没雕好，或者哪儿给刻坏了。您如何定义一个"失败"的作品？

郑：

我有个作品叫《百龙图》，比较俗。当初是有人定制的，后来回过头看，我就觉得把自己的精力用在那样的作品上，太可惜了。

我眼中的失败就是觉得它流于形式，没有精神气质，没有内在思想。虽然精雕细刻，但内容空洞。这不是技法上的失败，不能用雕得好或不好来评判。

这个观念放到更大的艺术领域，也是一样的。有的书画界的人认为，手艺人的作品在艺术价值上没办法跟他们相比。我反对这种看法。我觉得，有的画家只注重技法，在精神气质和思想内涵上还比不上我，我是一个民间手艺人，但是你整体的素养比不过我。

所以说我现在的路子应该是对的，用题材的选择和拓展带动、丰富了技法的创新。比如在一件山水作品中，有的采用镂空雕，有的则要通过微雕才能完成。传统题材比如龙啊、凤啊，你再怎么变也就这样。

蒋：
单纯的传承还不够，还必须创新。

郑：
手艺人必须不断提升文化修养，才能在自己的领域中拓宽思路，才能找到创新的点。所有的艺术都不是原来就如此的，都是经过历代的人不断创新才成为今天的样貌。很多民间手艺人完成了传承的使命，使得我们的好东西不会断代，但是每一代人有每一代人的责任。我们今天有这么好的技法，应该思考在怎样的载体上来呈现，并完成它在当代的使命。

难能可贵的是一个民间手艺人既有绝技，又有家国情怀

蒋：
您获得过很多荣誉，哪些对您而言分量比较重？

郑：
《黄河魂》是我第一个拿到奖杯的作品，是在1999年上海举行的中国工艺美术大师作品展上拿到的。这个奖杯是我人生中拿到的第一个真正的荣誉，是一份

激励。获奖等于是得到了业界的认可，这个意义非常大，也激励着我从为了养家糊口转向了真正的艺术创作。

还有分量比较重的是凭借《桃花源》得的"中国民间文艺山花奖"，那次参评的 1000 件作品中仅有 8 件获奖。还有后来评的"中国工艺美术大师"，这是国家级的称号，目前在世的大师有 400 多个，全国获得这一称号的人总共也就 500 多个，被称为国宝。

被评为 2019 年"大国工匠年度人物"这个我也没想到。我们一共 10 个人去领这个奖，我有点心虚，身旁那些工匠都来自制造业的重要领域，航空、航天、航母啊这些，就觉得自己太渺小了。当时给我的评价是立足于传统文化、守正创新，还说技艺无价、精神无价，难能可贵的是一个民间手艺人既有绝技，又有家国情怀。说的是我的《清明上河图》吧，把宋、清两代两个版本的《清明上河图》放在同一块木头上，就像《富春山居图》合璧一样，寄托了祖国早日统一的美好祝愿。

你一定要坚持创作，你的人生才有价值

蒋：
上次跟另一位大国工匠竺士杰聊的时候，

郑：
是，以前很自由，我每天工作，不想别的，也没人打扰我，现在因为宣传多了，很多人来参观，就免不了他说很羡慕您的生活，既是干自己喜欢和擅长的事，又有相当大的自由度，而在企业里很多时候更像一颗螺丝钉，要跟上整个运转的节奏。

有一些接待任务，工作时间比以前少了。现在我是尽量避开一些不必要的接待和应酬，留给自己更多的学习和创作时间，还会参加我们行业内的学术交流、到院校讲座、当工艺美术展评委等。

蒋：
您目前处在一个怎样的创作状态？

郑：
从创作状态来讲，我觉得目前自己应该算是处在最好的时候。趁着现在还有点体力，创作的经验、技法也比较成熟，我想做点比较有意义的工作，正在酝酿两个大的作品。接下来的五到十年是一个非常关键的时期，应该说是我创作的黄金时期。

我想把精力放在最值得的地方，做一些能传世的东西。目前正在酝酿古运河题材的作品。

蒋：
您的创作一般要经过怎样一个流程？

郑：
确定一个主题后，先找材料，然后要出去采风。比如大运河这个题材，要从北京开始，到运河沿线的城市去考察，看运河边有什么建筑，查地方志的相关记载。回来以后，再画图稿，然后雕刻。

实地考察和绘画都由我一个人做，作品的立意和构图也都由我独立完成。雕刻环节需要我先来打胚，然后带领徒弟们一起雕。

蒋：
回过头看，您觉得干木雕这一行是一个怎样的人生选择？

郑：
我刚开始干这行的时候要找活儿干，主要是给寺庙雕佛像，找不到活儿干的时候就会有点后悔，觉得要是当初学了修车多好，但那只是一小段时光。现在回过头来看，我还是觉得很幸运，能够选择自己喜爱的工作、干自己有点领悟力的领域。要说干别的，我甚至连一根电线都不会接。

我刚刚提到的莆田木雕大师闵国霖，在好多好多年以前，我还没评上"中国工艺美术大师"的时候，有一天他把我叫过去说："莆田有很多老板，不差你郑春辉一个，不要去当什么老板。"他告诫我，"你一定要坚持创作，你的人生才有价值。"当时我还真的没太理解，我说："你那么看好我？"他说："你一定要约束好你自己。"这是一个非常关键的告诫，后来无论遇到怎么样的境况，我都坚持以创作为主。

他是今年4月去世的。我最后一次去看望他时，他说，他这辈子最大的幸福是选择了做木雕。他一辈子都在做龙眼木雕，是一位真正的大师。我那天很感动，真的很感动。老师给了我一个很好的定位，让我觉得我从事这个职业也不后悔，很幸福。

蒋： 干了30多年，对于您来说，木雕的意义发生了怎样的变化？

郑： 我刚开始就是为了养家糊口，慢慢地越做越好，也有了一定的经济基础，就开始把它当作艺术创作，找到了适合自己的发展路径，也就是做山水田园木雕。我逐渐感受到了其中的乐趣，并获得了一些社会认可和自我实现，再后来就是把自己对祖国的情感融入其中，希望赋予作品更丰富和宏大的内涵。未来，经济允许的话，我想做些捐献，来帮助那些从事木雕创作的年轻人。

蒋： 您建艺术馆应该也是

郑： 是的，为了我的文化理想。我的作品《清明上河图》

出于弘扬木雕文化的考虑。	曾有人出一两个亿想买,我也没有卖。我就是想把它留在莆田,然后就琢磨建这个馆。 建文化馆这块地是我 2014 年花 3000 万元买的,连同建设大概花了 7000 万元。我把所有的房产都卖掉了,包括拆迁给的几套房、在福州用作品换的一套房,都卖了,投到这里来。 我爱人有时也会埋怨,说我们也没有舍得买点好衣服什么的。本来不建馆,把《清明上河图》卖掉,我们可以过得非常舒服了。现在所有的钱都投在建馆里头,还要做一些定制品、文创产品来养这一大家子,也包括徒弟。但我想做这件事。 建在一起的艺术馆和工作室,不仅可以把我多年创作的作品进行集中展示,还是很多院校的实训基地。我希望能激发起孩子们对传统技艺的热爱,也希望能给年青一代的创作人才提供一些借鉴。 现在这个艺术馆已经成为莆田一个很重要的文化展示平台,承担着一些文化交流的功能,被看作莆田的一张新名片。我们也接待了很多外国人。很多人走的时候就说了两个字:震撼。如果每个人都这样不断地去创造城市价值,那我们的家乡肯定会越来越好。
蒋: 如果您有机会重新选择,您会选择木雕还是绘画?	郑: 绘画。我更喜欢色彩、线条的表现形式。如果让我去画油画也好,画中国画也好,我一定会画得很棒。
蒋: 您有哪些业余爱好?	郑: 我的爱好挺多,朗诵、唱歌、配音、写诗、写散文。乡村生活的经历,让我在很多场景下都想通过这样一些形式把自己的感情抒发出来。以前我们村头种了

很多桃树，我20世纪80年代听蒋大为的那首《在那桃花盛开的地方》，就觉得唱的是我的故乡，多美啊！我的作品《桃花源》描绘的也是那种景象。桃花在很多作品中象征着一种风骨，而像桃花溪那样的画面我特别喜欢。艺术都是相通的，从不同的艺术门类中可以获得一些启发，对创作有益。兴趣广泛之后，也会有很多不同的乐趣。有时候我就对着手机唱唱歌，也觉得挺快乐。

我也喜欢旅游。在其他行业，可能很多人做好自己的事情、过好自己的生活就行，别的跟他们无关。而像我们做艺术创作的，还是要有东西能感动自己，要有一些新鲜的刺激，才能激发起创作的激情。欣赏各地的美景，品尝各地的美食，这都是人生赚到的。你到一个地方不一定要去多高档的饭店，但可以尝尝当地的特色美食。

前些年，我们全家去过桂林、武夷山、井冈山。现在孩子也大了，不怎么跟我们一起了。记忆中最美好的就是全家人一起去云南的那次，时间比较长，景色也特别美。有一天清晨，在丽江，我沏了一壶茶，坐在石条上，街上没人，瓦片上有鸟，这一刻我心静了下来，什么都不想，就听着鸟在叫，看着狗走出来，就觉得是最美好、最幸福的时刻。

印象

雕刻人生

蒋菡

他有一双匠人的手,鬼斧神工。

他有一颗诗人的心,晶莹剔透。

他把人生的经历和体验、美好和痛苦、诗意和打击都一刀一刀刻进了木头里。那是他的作品,也是他的人生;那里安放着他的过往,也承载着他的梦想。

他热爱的故乡,在城市化进程中已经变了模样,但在他的作品中,故乡还是原来的样子,流水潺潺、炊烟袅袅。那是回不去的桃花源,也是永远的桃花源。

当他讲述那些画面的时候,是连说带画的,好像光用语言还不足以表达,要在纸上画出来才能更好地传达那种美,表达他那种殷切。那一幕里,你能看见他的乡愁,更能看见他的赤子之心。

生活并不总是美好如画,他遭遇过巨大打击,经历过生死考验。在至暗时刻,他把头埋进木头里,在雕刻中汲取力量。

原来刻刀不仅可以雕刻作品,也能为自己疗伤。原来再黑的巷子,也总能找到出口,只要心中仍存着希望。

这门手艺,不仅是他安身立命之本,也在人生之路上给予他最忠实的陪伴和最有力的支撑,更成为他寻到人生意义、实现人生价值的最可靠根基。

他将热爱的古典诗词、自己的生命体验以及为家乡、为国家做点事的拳拳之心都融入了木雕,也给这门手艺注入了更丰富的内涵。这何尝不是手艺人和手艺之间的一种彼此成就?

从"桃花源"里走出来的大师,在木头里感受艺术的丰茂,见识天地的广袤。

他的人生,因此丰饶。

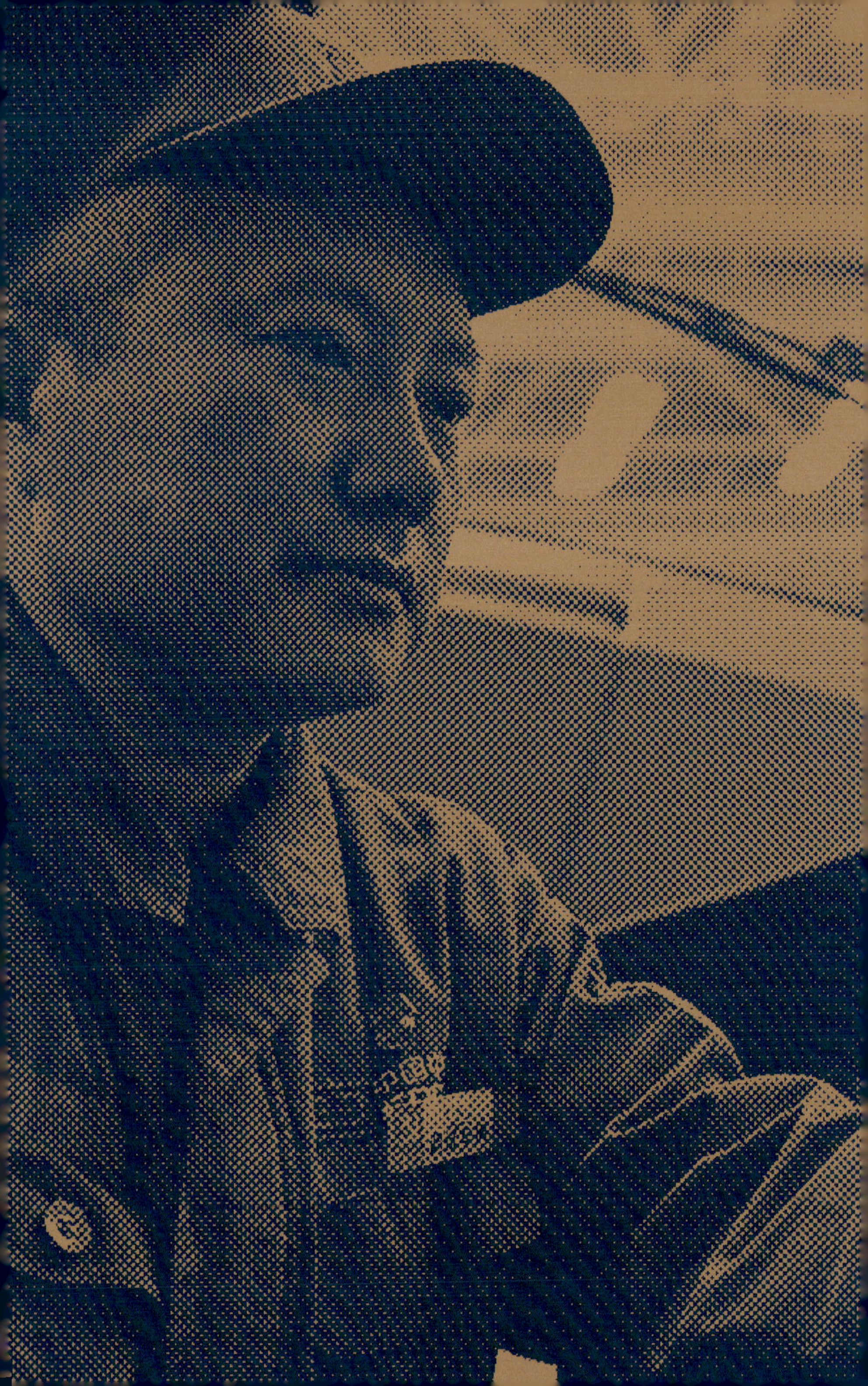

罗昭强

不信命 信奋斗

不信命，信奋斗。 —— 罗昭强

罗昭强

中车长春轨道客车股份有限公司高速动车组制造中心首席操作师、中国中车首席技能专家，高级技师、正高级工程师，先后率领团队完成中国标准动车组、新型时速200公里动车组、京张奥运智能动车组等重点项目的试制和调试技术攻关，为中国高铁的技术进步作出了突出贡献。

1972年12月
出生于吉林省长春市

1984年9月至1987年7月
长春客车厂子弟中学学生

1987年7月至1990年6月
大连机车车辆工厂技工学校学生

1990年6月至2002年4月
长春客车厂动力分厂电力车间维修电工

2002年4月至2005年12月
长春轨道客车股份有限公司动力厂电力车间维修电工技师

2005年12月至2007年12月
长春轨道客车股份有限公司动力厂电力车间维修电工、高级技师

2006年3月
获评"全国技术能手"

2007年12月至2015年11月
长春轨道客车股份有限公司动力厂电力车间首席操作师

2014年9月
获评"吉林省劳动模范"

2015年11月至2017年1月
长春轨道客车股份有限公司高速动车组制造中心铁路车辆制修工

2016年11月
获得"中华技能大奖"

2017年1月至今
中车长春轨道客车股份有限公司高速动车组制造中心首席操作师、中国中车首席技能专家

2018年4月
获评"吉林工匠"，获得"全国五一劳动奖章"

2019年1月
研发的动车组调试工培训设备获得"国家科学技术进步奖"二等奖

2019年9月
获评"吉林省特等劳动模范"

2020年11月
获评"全国劳动模范"

2020年12月
担任中华人民共和国第一届职业技能大赛轨道车辆技术项目裁判长

2021年6月
获评"全国优秀共产党员"

2021年7月
担任第46届世界技能大赛轨道车辆技术项目中国技术专家组组长

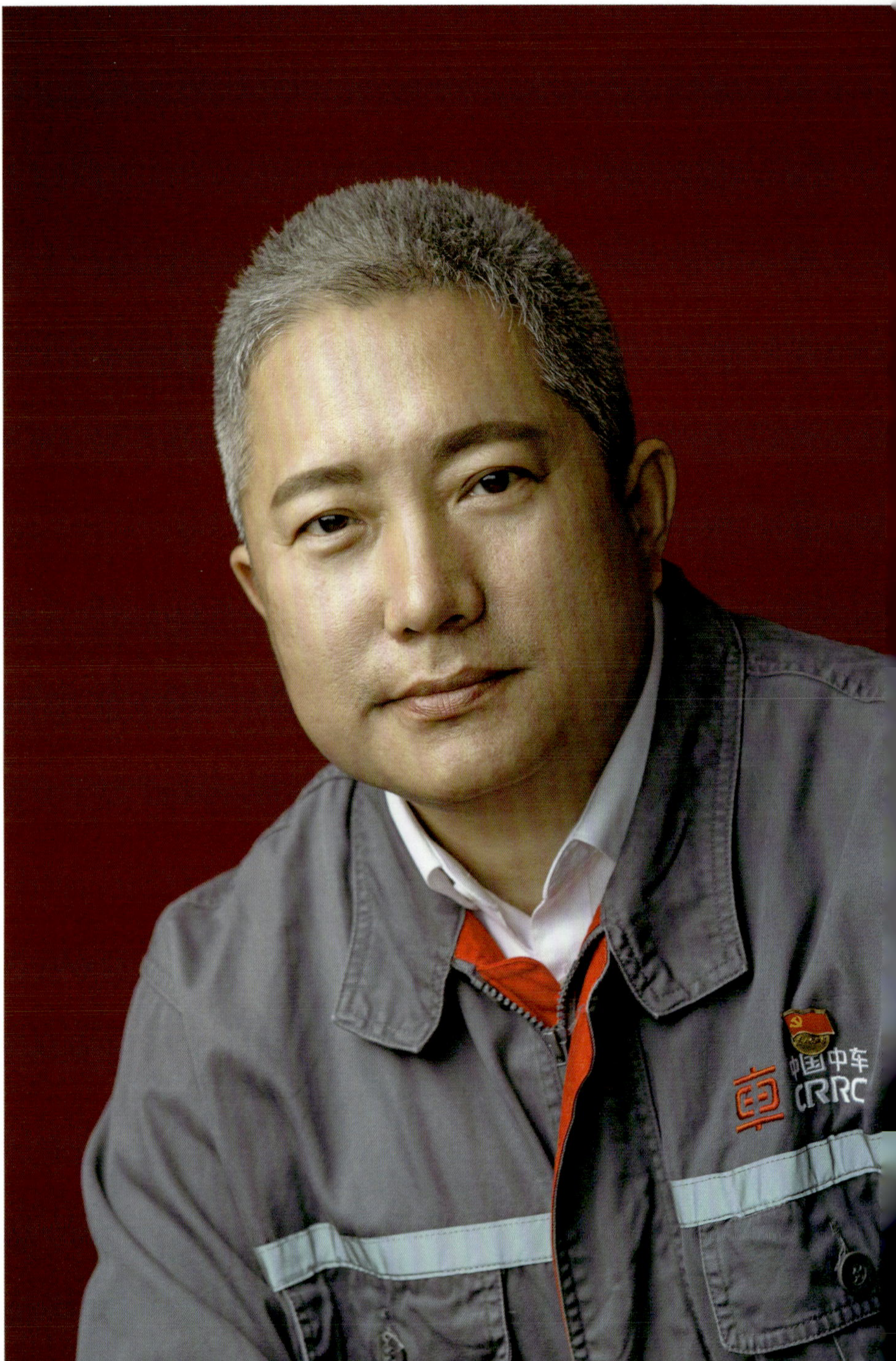
中国中车
CRRC

感兴趣的问题

1. 29 年来一直在生产一线工作，怎么看待技术工人这个身份？
2. 为什么花这么多精力在带徒弟上？
3. 作为一名工人，是怎样获得"国家科学技术进步奖"二等奖的？
4. 如何制定职业规划，在十字路口怎样选择不容易后悔？
5. 对于行业发展的敏锐嗅觉从何而来？

受访者
罗昭强

采访者
蒋菡

采访时间
2021 年 4 月 7 日

我这辈子最幸运的，是干了件自己喜欢干的事情

蒋：
当年上技校学电工是您自己的选择吗？

罗：
我初中毕业的时候也可以读高中，但那时候觉得上技校学一门技术早点儿工作也未尝不可。我父亲就是长客的，就给我报了大连机车车辆工厂的职工技校。幸运的是，我学到了自己喜欢的电工专业。我觉得最适合我的专业是电工，这个专业的录取分也比较高。

蒋：
为什么最想学电工？

罗：
不，他是木工，以前绿皮车里有些东西是用木头加

您父亲也是电工吗?

工的。

我从小就想当电工,自己修过台灯、买过马达。上小学时我看中了一个电动小马达,就攒钱,一分的、五分的,都是硬币,没有上毛的票子,就是一点点地攒。后来买上了,我和同学一起做小实验。马达接上两根线,带个开关,就能转。我当时就对它为什么能转非常感兴趣。那时候也不像现在,遇到问题可以"百度一下",我就是自己捣鼓、琢磨。

那时候我对各种科学小试验、小制作特别感兴趣,还用酒精把秋海棠的叶子泡了,萃取里面的汁,做成酸碱试剂。现在淘宝上都有做试验的套装卖,但那时候我都是自己做。

蒋:

我采访过的好几位大国工匠,都有这个共同点,就是从小喜欢动手做东西,手巧。

罗:

没条件嘛,都得自己做,连一把木头枪都得自己做,不过自己动手有满足感、成就感。我上中学的时候还做过显微镜。看到《中国少年报》上介绍的做法,我就照着做,当时生物老师看到我做的显微镜都觉得很诧异。挺有意思。

蒋:

想要一个东西自己去制作,而不是一下子就买到。遇到问题有一个探索的过程,而不是一下子就搜到。

罗:

是,需要一个过程,结果会慢一点,但那个过程很有意思。现在是结果快,没过程。其实我觉得现在的小孩挺可怜的。

蒋:

喜欢电工,学了电工,很幸运。

罗:

我这辈子最幸运的,是干了件自己喜欢干的事情。爱好和职业是统一的,所以我工作起来会比较快乐,苦

蒋：
而且会有原动力来推动您去不断探索。

罗：
对。你看这么多年，机械没什么变化，发展的都是电这方面的，从电气到电子再到芯片，像汽车，这么多年发动机没什么变化，但是电子设备变化特别大。所以干这行就是一个不停学习的过程。

蒋：
因为喜欢而学习，在学习中掌握更多技能，从而得到更多乐趣。

罗：
尤其是当对某个问题百思不得其解时，突然融会贯通了，就特别能体会到乐趣。

我想用自己的力量，多开出些路，到天花板了，我再顶顶，让天花板更高一点，让年轻人看到更多希望

蒋：
您在技校学得怎么样？

罗：
30年前的大连机车车辆工厂技校在全国的技校里是非常厉害的，相当于现在大学里的"985""211"。我在技校学得不错。我们有位实习老师叫刘承民，现在都80岁了，还记得我。最让我自豪的是，有一次刘老师提问热继电器的工作原理，他把大家挨个叫起

来，答不上来的就站着。全班十几个人都站起来了，最后他满怀期待地叫我回答，我答得非常完美。整节课就我一人坐着听，特别好玩。

我爱学，也学得比较认真。虽然是技校，但我们学校的治学风格比较严谨，我直到现在还在吃技校的这点"老底"。

蒋：
"老底"里最重要的是什么？

罗：
电工的基础知识、原理，机械技术，精工技术。老师课讲得好，要求也比较高。特别是刘老师，虽然平时很慈祥，但考试的时候要求十分严格，给我们的底子打得很扎实。当时甲班的成绩比我们乙班好，但到现在有点成就的全是我们乙班的。我们班20个人，出了两位全国劳模，获得中车资深专家称号的有3个人，获得首席技能专家称号的有2个人。

特别让我感动的是，毕业后有一次我们去看刘老师，他把我们的照片拿出来，每个人叫什么名字、做过什么事，他都说得非常清楚。

蒋：
他是特别用心地在带学生。

罗：
其实我特别羡慕我们刘老师。他上课时，经常有人从厂里来找他，生产中遇到问题了，请他去给研究研究。当时我就想，什么时候我也能像刘老师这样受人尊敬啊！什么疑难故障都能解决，有被需要的感觉，是一种价值的体现。

蒋：
您有了个标杆。

罗：
那时候我对未来还没考虑那么多，但从刘老师身上看到了方向。所以说，他对我的整个人生有非常重要的引导作用。我现在也在把刘老师的做法用在我带徒弟上。我不光教徒弟技术，因为带徒弟跟教学生还不一样，还要在徒弟的工作上、思想上、生活上等方面都有所扶持。所以我也希望自己能开出条道、打出个样，让年轻人多看到希望。像现在，他们比较佩服我的是，到49岁了，还在不断地学习。他们会觉得：师傅都这样，我也要这样；师傅走到这样一个高度，我或许也可以。

蒋： 难怪您带出来的徒弟都很优秀，其实背后是有原因的。

罗： 好多小孩进厂以后，好像啥都无所谓。其实他们心理上是不认可当工人的，认为当工人没出息。我想用自己的力量，多开出些路，到天花板了，我再顶顶，让天花板更高一点，让年轻人看到更多希望。

当然，单靠个人的力量是不够的。2010年以后，国家越来越重视技术工人的作用，孩子们对自己走的这条道路也变得比较认可了。我跟他们说，如果只是机械地去干活，进行简单的等价交换，付出劳动，获得报酬，用这种状态干30年，这辈子就会很无聊，没有意义。哪怕一生中做一两件值得自己回味的事情，也比简单重复劳动强。所以我也一直在想，怎么让他们去悟到这个意义。

蒋： 您怎么看待工作的"意义"？

罗： 意义就是说，从等价交换的层次，逐渐上升为认可、热爱，然后到奉献，最后到休戚与共。跟企业怎么能分开呢？企业成就了我，我也作出了技术工人该作的贡献，我和企业是命运共同体。

工作中有收获，就会觉得工作有意义，会让人更加坚定往下走的决心。刚开始我们班组几个本科生都想走,觉得自己不该留在一线。但通过我的成长,他们发现跟着师傅干,平台大、空间大。在很多项目中,他们已经是主力担当。他们出去维护设备,也特受尊重,自己也觉得特自豪。这个过程中,他们实现了自己的价值,所以会觉得工作有意义。

你想做跟别人不一样的事,就得做跟别人不一样的人

蒋:
您刚进厂的那个时候,电工在别人眼中是个什么样的工作?

罗:
我1990年从技校毕业进厂,那个时候当工人不能说多好,但是也不差,还不是非考大学不行的。干电工很好的,干净,是个技术活儿,背着三大件儿满厂转悠,我挺喜欢。焊工得趴着干,车工天天站那儿,比较枯燥。

刚上班时,看到工厂设备比较多,我当时就想好好干,把所有机床设备维修的技术原理都掌握。

蒋:
挺有雄心。您好像还不满足于在自己厂里学东西,还去了隔壁的一汽偷师。

罗:
那时候我喜欢听收音机,1992年的一天,听说一汽上了捷达的生产线。当时德国大众在巴西有个工厂停了,因为二手的生产线很便宜,一汽就把它搬过来用。我觉得这个东西挺好,长客没有,但我应该学。我就特别擅长在大家听着很普通的信息里捕捉到一

些点。

我通过一个亲戚进入那条生产线所在的班组。长客当时的休息日是周二,一汽的休息日是周日,我们休息的时候他们上班,我就可以去学,去了就先帮着扫扫地、干干活儿。

蒋:
一个 20 岁刚出头的小伙子,那么勤快,一周休息一天还给自己找事儿做。

罗:
喜欢嘛!那时候听到个什么新名词、新知识,就去图书馆查,先查索引,然后对着那本书抄一天,再还回去,这样学得还是挺扎实的。你获取知识的难易程度,决定了你理解这个知识的深入程度。

去他们班组时间长了,我跟他们的班长李黄玺说我想学习操作可编程逻辑控制器。李师傅说:这是我们这儿比较核心的设备,你学有什么用啊,你那儿又没有。后来,他给了我一本编程手册,借我一天。我去印,三四毛一张,挺贵的,我当时工资才 60 多块钱,印得好心疼啊!那个复印本现在我还留着。

到了我们单位,别人看我老拿着这个本子看,就笑话我:你看这个干啥,咱这儿又没有,赶紧打会儿扑克,正好缺个人。人家都觉得我这孩子有病,傻。到现在,长客打扑克的方法我还不会,一把扑克也没玩过。

所以我跟现在的孩子们讲,你想做跟别人不一样的事,就得做跟别人不一样的人。说着简单,做起来不容易。

蒋:
在人群中特立独行,觉不觉得孤单?

罗:
无所谓。我陶醉在自己喜欢的东西里。但从 1995 年开始,我感觉到当工人好像不行了,待遇也低,没有出路。当时整个社会的风气变了，都觉得当干部好，搞管理好，坐办公室好，一线工人不受重视。那时候挺困难的，看不到一丁点儿的希望，我就靠自己的热爱在那儿顶着。

蒋：

您一边在如饥似渴地学习，一边在具体工作中又看不到希望，肯定挺苦闷的。

罗：

当然了，很苦闷，我对这行倾注的心血太多了。当时绿皮车没人要了，单位放假息工，每个月给我们发260元。那时转行的人挺多的，有门路的都走了，剩下的混日子的多。

蒋：

您是个挺有闯劲儿的人，怎么没出去闯一闯？

罗：

也试了。外面非常愿意要我们这样的人，有个公司都跟我说好了，工资一个月5000元。但真说要走，我还是舍不得离开这块土壤。我还是想再坚持一下，相信通过努力，日子能好起来，我希望在我的岗位上能等到这一天。

蒋：

2006年长客开始造动车，厂里才有了起色。那1995年到2005年这10年有多困难？

罗：

有家有口的，日子不是说过不下去，就是中下水平吧。2010年上海开世博会，我没钱带儿子去看。学校老师在班里问谁去过世博会，一大堆人举手，我儿子心里肯定挺难受的。我儿子还喜欢画画，但有一段时间我拿不出钱来给他报美术课外班。后来，我被评为公司劳模，公司奖励了我3000块钱。我马上带孩子去上美术班，他一进那里头，就特别欢快，他是真喜欢。所以当时，我心里还是有点期盼，不停地思考怎样用自己的双手创造财富。什么是工作？光讲奉献不是工作，工作是平台，要让员工在为企业作贡献中实现自己的人生价值，同时也为家庭创造更好的生活条件。

蒋：
您是怎么熬过来的？

罗：
那10年就是一点一点地积淀，把根扎得很深。我到北京出差，哪儿都不去逛，就上西单图书大厦。在长春很多电气自动化的书都买不着，我就从北京买好多书背回去。还上中关村四通电子——卖自动化设备的地方，那里有免费的产品手册，我就拿回来看。

电工没那么忙，人家打扑克，我就看书。看不懂的地方，我苦思冥想。我记得我从四通拿回来一本西门子的产品手册，看了半个月都不明白，周围也没人可以问的，我就把书放下，再去看别的书，然后突然发现别的书上有一句话能解答那本书里的疑问，我弄懂了，感觉特别好。

蒋：
对，在一处遇到的问题，可能在另一处能找到答案。

罗：
别人说：你看西门子的手册，咱连这设备都没看到过，有啥用。后来机会来了。2005年的时候，中国北车职工岗位技能大赛有电工组项目，我们单位报了3个人参赛，我年纪最大，33岁。我在知识宽度上肯定比他们好，但背题老背不下来。我就弄了张大白纸写，笔芯用掉了一盒，写着写着就记住了，完全装到了脑子里。我儿子小名叫罗八点，就是他晚上八点睡觉后，我便开始看书。大赛考编程，正好用的西门子设备的编程方法。我学过啊！然后我敲键盘敲得"啪、啪、啪"响，监考老师过来说"你小点儿声，别影响别人"。最后我得了第一名，所以你能说你储备的东西没用吗？人家大连的两个选手比赛前还在西门子公司专门培训了一个多月，我就靠平时的积累。

蒋：

机会是给有准备的人的。

罗：

我是用我整个的人生经历来证明这一点。这次大赛我拿了"全国技术能手"（编者注：2006年由人社部授予），我15年积累的功力在这个赛场上爆发，特别爽。我终于见到了光明，大家也开始逐渐认识我、认可我。

蒋：

厚积薄发。

罗：

在漫长的路上一定要学会坚持。比如说设备坏了，第一个人去查，用了半个小时，没查到原因，走了。换一个人去查，又查了40分钟，还是搞不定，又走了。但是如果是我去，我一定会比他们再多查10分钟，这样就可能找到解决问题的方法。就像爬山，登顶的就那几个人，所以说坚持是很重要的，是成功的法宝，要比别人多咬牙坚持一会儿。但我真不希望现在的年轻人要经历15年这么漫长的时间才能看到希望，所以我也在帮助他们尽快地成长起来。

蒋：

一般人会觉得工人最好的出路是转干（部），您为什么一直没转？

罗：

2006年领导给我转干的机会，我拒绝了。我可能也是长客第一个拒绝转干的人。

蒋：

经历过纠结吧？

罗：

当然了。转干是我多年的梦想，工人能转干是最好的奖励了。厂长说：申请了2个名额，你不用着急现在给我答案，给你3天时间考虑。这3天我太难受、太纠结了。大家都说当干部多好，坐办公室，工资还高，社会地位也高。3天后，我跑领导那儿去了，敲门的时候手都碰到门上了，心里头突然好像有人在问我：你到底是内心深处想转，还是因为一些诱惑如工资高、地位高想转？这是不是你的本意、初心？我这手就没敲响门，直接跑回去了，然后给厂长打了个电话，说我不想转了，我太热爱现在这个岗位了。对此，很多人觉得很怪，不理解。

蒋：
有没有想过如果当初转干了，现在会是什么样？

罗：
如果当了技术干部会不会比现在有更大的成就？不敢这么设想。向左走、向右走其实都没错，选了就别后悔。人最痛苦的就是，选择向左走了，后来又后悔说自己当初咋不向右走。选了这条路，就要用心去耕耘这条路，让这条路开满鲜花。

蒋：
如果一直在后悔，你也没有办法把选择的这条路走好。

罗：
其实最重要的不是选路，而是修路。我运气还是挺好的，2006年我们厂开始造动车了，2008年产品下线，国家对技能人才也越来越重视了。他们说"你看你当时选对了啊"，其实无所谓对错，我相信选另一条路我也能干好。

我这个人是不信命的，我就信奋斗

蒋：
从维修电工到高速动

罗：
2006年的一天，我们总装车间运进来一节列车，是车组调试工，这个跨越是怎么实现的？

法国的，车头是流线型的，真好看！我想上去看看，但不能上，上去得有岗位工作证。我是维护设备的，不是动车组项目的，我当时心里挺受挫的。

然后我就开始做梦。铁路的车辆也能变得这么高端，我要是在长客一辈子没造过高速动车组，是不是挺遗憾的？我要是有机会亲手去制造，那多自豪！

我是当班长的，平时就想着怎么能更好地给职工进行技能培训，开发了一套培训维修电工的模拟设备。领导就问我能不能去培训高速动车组调试工，我就拍胸脯答应了。

其实领导也问过专家，但专家们都晃脑袋说这不可能的，高速动车组多复杂啊，真车都没弄明白呢，你模拟，搬到地面上，那不可能实现的。到我这儿，我说行，航天不也这么干吗？我看神舟飞船的新闻时受到了启发，其中有个细节说到杨立伟他们训练是用的1:1的模拟座舱，航天员不能飞天上去练啊，得在地面上操作。

蒋：

您还是有技术打底，觉得这事儿能行。

罗：

我有技术和方案的储备，也深知这个机会对工人来说特别难得。人家可能有很多机会，但不想干、不屑干。我先拍胸脯，把活儿接下来。有些时候，人是需要有点勇气的。如果我不拍胸脯答应下来，只说先试一试，领导可能就放弃了。我说"行，没问题，这事儿就交给我"，领导也对我有信心了。然后不管有多困难，我就去努力干成它。

我从2011年开始研发培训高速动车组调试工的设备，可以名正言顺地了解高速动车组了。所以，人要学会给自己找活儿，别躲活儿，没有活儿你得创造出活儿来。也不能因为是一点小事你就不做,不能因为是一点小知识你就不学,可能就这一点小知识,决定了你以后很大的突破或发展。

蒋:
蝴蝶效应。

罗:
2011年我们研发出了第一代高速动车组调试工培训设备,2014年研发出了第二代。2015年,领导提出把我调去做高速动车组调试工,我这才正式加入这个光荣的队伍中。调试工是在生产一线亲手打造高速动车组,我的梦想实现了。

蒋:
您工作这么多年,什么时刻最开心?

罗:
应该就是这次转岗,然后我就和团队一起开始研发复兴号动车组。高速动车组是咱们国家的一张名片,能亲身参与,我非常有荣誉感。说实话,被评为"全国劳动模范",我都没有这么开心。

蒋:
天时地利人和,您赶上了这班车。

罗:
我的职业生涯有两件大事,一是站在了国家发展高铁的大平台上,二是技术工人的春天来了。一个人的成长如果脱离了时代的大背景,就是无源之水。在大庆油田王进喜所在的时代,主要提奉献,要当老黄牛。现在说劳动光荣、创造伟大,是时代给了我创新的机遇,企业给了我创新的平台,剩下的就靠自己的努力。

蒋:
动车组调试工培训设备后来获得了"国家

罗:
所以我这个人是不信命的,我就信奋斗。
2011年的时候,我想用研发的第一代高速动车组调科学技术进步奖"二等奖，当时有位院士是这么评价的：不可多得的由工人完成的科技成果。

试工培训设备参评中国北车的科技成果奖。很多人说你一个工人参评什么科技成果奖，那都是有高科技水平的总设计师、设计师参加的，你工人来参加算干啥的。我就不停地说服这些领导，给我个机会，让我试一试！最后专家说我的这个发明是最实用的。

作为工人，我们真正知道工人需要什么样的培训设备、培训的重点应该在什么地方。

蒋：
这是工人搞创新的优势。

罗：
我就是要证明给工人兄弟们看，我们工人不单单能干体力活儿，也能搞创新，也能跟技术员、专家站在一起去评奖。用我的话说，那叫破冰行动。从那个时候开始，大家知道工人能搞创新，工人搞的创新能发挥很大作用，这就行了。经过我这么多年坚持不懈地干，从2020年开始，我们集团单独给技术工人开通了申报"中国中车科学技术奖"的渠道。

包括我带着徒弟们写书，也是想证明，咱们工人也能著书立说。现在我还在中山大学组织编写教材，反正有时候就得胆子大点、脸皮厚点（笑）。

蒋：
敢于去试，敢于走别人没走过的路。

罗：
不光是胆子大，还要讲信用。为什么你吃得开、行得通，是用你的信誉来做底牌的。你拍了胸脯答应完成的事一定要做到，几天几宿不睡觉、点灯熬油，也得弄出来。一来二去，你就有信誉、有品牌了。

蒋：
干得多，积累的经验多，然后就能干更多。

罗：
干活儿不吃亏，我就是通过干那些别人觉得干不成的事情成长起来的，所以我爱干事儿。

蒋：

您是特别能争取的人。

罗：

对，不甘寂寞，总得鼓捣出点动静来。你得学会抓住机会，没有机会得创造机会。

蒋：

所以天地也在你面前越来越宽广。

罗：

是的。

干事儿就是这样，你比别人往前多想一点，早准备一点，机会就比别人多很多

蒋：

您做过的创新项目中，哪一个是最难的？

罗：

拍了胸脯的那个。2011 年做的第一代设备，从 0 到 1，花了半年时间做出来。那时候厂里给了我们一间教室作为研发场地。研发功能模块的时候，有一阵子我们遇到了攻克不了的难题，就把桌子拼到一起晚上睡那儿，睡也睡不着，聊到哪儿受启发了，就起来调一调、试一试。然后有一天干完活儿，我请大家去吃东西，只有一个粥店开着。我们吃完天都亮了，徒弟说咱们这算是吃晚饭还是早饭呢？

蒋：

很辛苦很有压力，但回想起来还是挺美好的。

罗：

的确是，我们最后在规定期限的前一周交货，单位派了人来验收。验收的人说这个东西有意思，比真车省

事，展示得条理清楚，我们这才松了一口气。

做那个项目收获挺大。那时候带的徒弟，现在有一个和我一样是公司的首席技能专家了，成长得非常好。其实当时我不在调试工岗位，还是个维修电工呢。我研发的是给调试工培训的设备，需要学习很多调试方面的知识。所以我常跑到调试车间那边去问，跨度比较大，但我敢想敢干。

蒋：

维修电工来研发调试工的培训系统，领导也能批？

罗：

我遇到了好领导。我们企业的氛围比较好，所以说一个人绝对不能脱离企业的平台来谈个人的成长，两者之间一定是相辅相成的。2005年，我被厂里评定为C类拔尖人才，后来我跳过B类，直接报A类，当时就想反正评不上的话，再退回来评B类呗！最后我被破格评上了A类。为啥好多人遇到事儿都愿意来问我呢？因为我总是会出一些特别积极的主意。

蒋：

您敢想敢干的那股劲头，真不一般。

罗：

说到敢想敢干，还有个事儿。早在2019年的第45届世界技能大赛时，我就有个想法，中国的金名片是啥，不就是高铁嘛！轨道车辆技术为啥不能进入世界技能大赛？我不服气啊！有人说你这个人想法太多，其实人生离不开梦想。我就特别盼着我们行业的年轻人能站到世界技能大赛的领奖台上。

第45届世界技能大赛的预选赛在上海举行，我动员我们企业参加工业自动化项目的比赛，企业临时找了两个年轻人去参赛。大赛的规定是，企业只要有人参赛，就能出人当裁判员。我当了裁判员，进了赛场，就跟裁判长了解考题怎么出、比赛怎么组织等方面的问题，还摸清楚了世界技能大赛和我们国内平时的比赛有什么区别之类的。学呗！我对世界技能大赛的规则、理念都有了了解。

第45届世界技能大赛在俄罗斯喀山闭幕后，上海拿到了第46届世界技能大赛的举办权，我知道机会来了。我跟集团领导发信息，说第46届世界技能大赛在上海举行，什么最能代表中国制造呢？高速动车组代表了中国制造的最高水平。我还到人社部那边去聊，一点点推，最后使得轨道车辆技术作为新增的赛项加入世界技能大赛。2020年底，在广州的预选赛上，我当仁不让地当上了轨道车辆技术项目裁判长。我来组织这个比赛，希望这个大赛能定下未来5年到10年我们这个专业的发展方向。比赛的文件我们就准备了15万字，包括这个工种的技术规程，就是出了一套标准。我跟徒弟说，我们绝对不是为了比赛而比赛，而是要为我们这个专业未来的发展制定一套标准，用这个标准去教学生。

这都是我自己争取来的。干事儿就是这样，你比别人往前多想一点，早准备一点，机会就比别人多很多。我干这个事儿就是为未来着想。这不就是做梦做出来的事儿吗？必须敢做梦。

报"国家科学技术进步奖"也不是说要评奖了，你看能做点儿什么，而是你积累了这么个东西，一直在完善，比较成熟，然后有机会报奖了，你去参加。

蒋：
您觉得自己跟其他工人哪儿特别不一样？

罗：
我是个不像工人的工人。厂里有一个内部网，董事长、总经理的讲话都放在最前面，工人一般不会去看，我总看。每个月都有讲话，我会从中捕捉到很多信息，就是我们工厂发生了哪些变化，有哪些发展，将来会变成什么样。换句话说，工厂会变成什么样，直接决定了会需要什么样的人。这些信息是很重要的。要提前储备，机会来了，才能抓住。

要想真正成长起来，就得对自己该干什么、要干什么特别清楚，做近景规划和远景规划。

蒋：

不光要埋头干活儿，还要抬头看路。

罗：

新时代的工匠，得把国家的发展阶段，企业的、行业的发展阶段搞明白。如果不了解发展趋势，就算天天闷头干，也干不出来"复兴号"动车组，得不停地创新。当然，老一辈劳模埋头苦干的精神要继承，但只埋头苦干远远满足不了新时代的需求。就是说，你一定要把你的发展跟国家、民族的发展绑在一起。

我们市里有个科技图书馆，我在那儿第一次知道日本有个新干线，也第一次在书上见到新干线上的零系列车，当时印象特别深。零系列车是世界上第一种高速铁路车辆，它让我知道原来火车能变成这样。当时我们国内就是造绿皮火车，千篇一律的方方正正，里面的设施陈旧、落后。看到人家现代化的新干线零系列车后，我有了点期盼。往往就是这样一点点的积累，会在潜移默化中提高一个人对事物的认知。

蒋：

长见识了。

罗：

绝对不是用什么学什么，而是对什么感兴趣就去学什么，让知识面更宽一些。这样其实不浪费精力和时间，而是会促进你的专业得到更好的发展。就像我本专业是研究电气，但我绝不能就停留在电气的层面上，思路一定要开阔，可以将别的思路植入电气。

放大他的优点，把他的优势发挥出来，规避他的缺点，或者忽视他的缺点

蒋：
您觉得现在的年轻人跟以前比有什么不同？

罗：
现在的孩子们是越来越聪明了，但刚开始的干劲儿没有"70后"这么足。他们对很多东西不太在乎，随心情，自己开心就好，缺乏责任感、使命感，这样会导致他们总在原地转圈圈，很难有更大的提升。所以说，榜样的力量很重要。

我们班组有个年轻人叫刘天宇，他的技术水平非常高，但当时不着调。2015年，我去了调试组以后，一开始他不服，不愿意跟我当徒弟。后来他说：罗师傅来到调试车间，让我看到了好好干将来能干成什么样。2018年，他当了公司劳模。这孩子脑子特好使，我特别喜欢，我在使命感、责任感等方面引导他一下，他就变得更好了，现在是我们班的班组长。

蒋：
您带年轻人有什么心得？

罗：
现在的年轻人个性比较强。我的方法是，放大他的优点，把他的优势发挥出来，规避他的缺点，或者忽视他的缺点。每个人都有缺点，你不可能消除掉的。其实主要让他们学到一个积极的心态，因为无论是对待工作还是对待生活，我都是一个特别积极的人。还要多激励他们，有领奖机会，我借故不去，让他们上台领奖去，让他们也感受感受得奖的荣誉感，给他们一

罗：些正向刺激。平时做项目发奖金或是写书有点稿费时，我都会给他们发，从工作上、生活上都为他们多考虑点，给他们设计设计。

蒋：让他们感到有奔头、有价值感，还干得开心，这是最理想状态。

罗：我现在在做的一件最重要的事就是成就他人。

蒋：对您而言，这也会是另一个层面的成就感。

罗：我确实感到一个人的精力是有限的，这么多需要创新的地方，得靠团队、靠大家。通过这些项目，他们能得到锻炼，他们的价值也能得到更好的体现，也让他们知道，好好干，机会肯定会有。

中国工匠的特质是胸怀报国梦想，这是格局，也是站位

蒋：哪个时刻是让您觉得最能体现或者说是实现了人生价值的？

罗：2017 年 6 月 25 日，我们制造的中国标准动车组被命名为"复兴号"。当时动车组是在北京铁路局下线的，车头上绑着红绸，当红绸被拽下来后，我一看是"复兴号" 3 个字，感觉太激动了。我们亲手打造的产品承载着国人的复兴梦想，让我觉得特别光荣。

蒋：将个人的价值融入国家的发展中了。

罗：肩负国家使命，是人生价值非常好的体现。这也是中国工匠跟德国工匠、日本工匠的不同之处。工匠都是把手头的活儿做到了极致，德国、日本的工匠都很厉害，但他们是自己谋生，自己在专业上有追求，而中国工匠的特质是胸怀报国梦想，这是格局，也是站位。

蒋：这是一个巨大的推动力。

罗：这是中国人为什么能奋起、奋进的一个最重要的原因。

海外有一个地铁项目，首列车他们调试了半年还没调试好，我们的团队去了，一周的时间就干完了。他们最晚下午6点下班，我们中国工人去那儿以后，几乎没有见过墨尔本的太阳，早上4点进工厂，晚上几点回来不知道。中国工人这样的干法，他们既服又怕。他们觉得我们这么干不正常，觉得这样没必要。

蒋：您如何理解这种不同？

罗：在美国的时候，有一次我跟徒弟在公园溜达，他说美国的工人这么悠闲，咱们为啥要这么累？我说咱们要是不这样干，能撵上他们吗？这是这个时代赋予咱们的使命，你就得追。等咱们追上了，也可以溜达。但不是咱们，可能是下面几代人。

蒋：您心目中的工匠精神是怎样的？

罗：练就绝技绝活儿，专注细节完美，传承卓越创新，胸怀报国梦想。我教育徒弟：你现在是技能专家，但你要按照更高一层的资深专家的标准来行事，否则你都不把自己当资深专家，谁能评你当资深专家？

蒋：
要自己对自己提要求。

罗：
只有这样，才能成长。

蒋：
2015年，您45岁的时候拜了中车的首席科学家常振臣为师，这是怎么考虑的？

罗：
我当时觉得外功不够用了，要拜师学内功，补补技术理论方面的知识。因为我进入调试团队以后发现一个问题，就是大家可能在现场的执行能力、操作能力比较强，但对动车组的核心技术掌握得太少，会制约我们继续成长，所以需要强内功，要从最原始的设计理念开始学。最后发现，科学家和技术工人这两支队伍结合以后，他们从我们身上也能学到东西，因为一线的很多经验会给他们提供设计上的素材。

常（振臣）博士是高速动车组的"中国脑"缔造者，把高速动车组最核心的东西变成了国产的，这也是我们最需要学习的。

要成为一名好的技术工人不难，但要想成为一个技能大师、变成一个引领者，要学的东西就比较多，领域和范围也更广。

蒋：
他之前没有收过工人徒弟吧？

罗：
没有。当时我跟工会、人力的领导提想跟常博士学，项目团队还能强强联合，他们就给牵线了。我是个工人，人家是副总工程师、博士，我怎么能跟他走到一条道上？但在我们长客就能行。我们有点奇思妙想，就能在这片土地上生根发芽。

蒋：
首先是您敢想。

罗：
对，我敢想，然后公司支持。常博士人也非常好，很随和，最后我们以项目形式合作。

蒋：
现在您带领团队主要做哪方面的创新研发？

罗：
"复兴号"动车组的智能化、数字化调试。我跟徒弟们说，就是要把你们给淘汰了（笑），你们是不是有危机感？徒弟说，淘汰的是重复劳动的工人，真正有智慧、有技术的工人是不会被淘汰的，所以不担心。在青岛港，吊车已经实现了全自动化。企业的转型，对劳动者的需求数量少了，但对劳动者的素质要求高了。只进行简单重复劳动的人可能几年内就会被淘汰，但创造性的劳动是机器替代不了的。

蒋：
所以创新发展到这个阶段，也是恰逢其时。像您这么善于规划的人，现在对创新有什么目标？

罗：
你看得"国家科学技术进步奖"二等奖的工人不少吧，有快20个了，但得"国家科学技术进步奖"一等奖的工人有没有？没有。我们希望中国工人也能站到一等奖的舞台上，通过创新为国家创造更大的价值，这就是我们的目标。

蒋：
用哪项技术来冲击一等奖呢？

罗：
就是我们正在做的"复兴号"动车组的智能化、数字化调试技术，我们要研发出成套的技术。当时我们引进西门子的车，还引进了成套的调试设备，设备比车贵。我们要在海外建厂，进行技术转让，也不光卖车，还得卖调试设备。用这套技术，国外厂家也能生产出跟我们国内同样的高速动车组。中国高速动车组必将出海，走向世界，我们肩负着这个使命。

蒋：
目前世界范围内在高速动车组领域的竞争

罗：
我们的竞争对手主要是德国、日本和法国。各国在技术层面上各有千秋，但在交货能力、造价方面，它们

格局是怎样的?	跟咱们国家相比都没有竞争力。
为什么？高速动车组的生产在我国受到高度重视，对外谈技术转让的时候我们不会退让。"复兴号"动车组更是取各家之长，最好的性能都集成到它身上了。中国是高速动车组领域的后来者，其他国家都有各自的优势技术，但我们的系统集成厉害，而且我们应用的场景多，比如高寒、风沙、高湿、高温的应用场景都有。在应用中，我们逐步解决了高速动车组在这些环境下可能遇到的各种问题。

靠软实力来吸引人，而不是靠行政级别去命令人，这活力就不一样了

蒋：
从自己的经历出发，您认为要成为一名优秀的工匠最重要的是什么？	罗：
我觉得在技能岗位上，先天的东西不是最重要的，后天的努力更重要一些。有良好的职业素养，有好的平台，你就能不断进步。
蒋：
有人说您像一台不知疲倦的马达，但也有觉得累得吃不消的时候吧？	罗：
写书的时候，我每天晚上 6 点到家，6 点半吃完饭，睡到八九点起来写书，一直到半夜 2 点多，再睡到 6 点，就这样干了 2 个月。忽然有一天，我一起床就觉得天旋地转，一测血压，（收缩压）已经 160

（mmHg）。这给我提了个醒，不能再这么熬夜了，但不拿出点干劲儿来，还真干不成。

蒋： 您那么忙，但状态特别好。

罗： 我心态好，而且用好团队很重要。我为什么能做这么多事儿，因为徒弟们成长起来了。只有他们能领会我的思想和理念，我才能脱离出来，谋划更多的事情。在这个过程中，他们的成长空间也更大了。

很久以前，我们厂里搞会战，有位车间主任自己在那儿搞电焊，我觉得这种精神值得夸奖，但他不是一个好的主任，因为他要解决的应该是谋划的事儿。

蒋： 让团队有凝聚力，靠什么？

罗： 有位技能大师工作室的负责人跟我说，我又没有行政级别，怎么要求人家跟着我干？我说这不需要行政级别，你本身就要有磁石作用，要让你所做的这些事是大家所需要的，大家需要到你这儿来学，要你带着他干。这是靠软实力来吸引人，而不是靠行政级别去命令人，这活力就不一样了。

蒋： 您怎样形容自己目前的工作状态？

罗： 最理想的状态。我现在连班长都不是，但做事情的空间是无限的，领导也给了我很宽松的时间，他经常开玩笑说我睡觉都在琢磨这些事儿。琢磨行业往哪儿走，其实挺费精力的。

蒋： 把精力放在最值得您用心的事情上，是件

罗： 那当然了，所以我天天特别开心。

特别开心的事。

蒋：
您有没有崇拜的人？

罗：
很早以前我就看过许振超、包起帆这些榜样的故事，然后努力地去接近他们，到现在终于能面对面地跟偶像们对话了。许振超主席（编者注：许振超为青岛前湾集装箱码头有限责任公司桥吊工，中华全国总工会原兼职副主席）一直走在创新路上。包起帆老师在我心中也是神一样的存在，是我的人生导师，70多岁了，精神状态还那么好。要保持长久的创造力，心态是很重要的，它会持久地支持你创新。

蒋：
为什么说包起帆是您的人生导师？

罗：
他是我们申报"国家科学技术进步奖"时，对我们批得最狠的一个人，批得我们都"扶着墙"出去。在申报过程中，他说别人都写得不错，合格了，我们的是最差的。一句"你们今天晚上马上改"，让我感受到了他的严谨，最后我们得了第一。包起帆老师下了很大的功夫指导我们。

蒋：
面对狠批，您是什么心态？

罗：
"跳楼"的心态。我以为我写得挺好，很自信，但在包老师那儿，我完全不行，这感觉，太难受了。但包老师是泰斗，我得听他的。这么多年我一帆风顺的，到包老师这儿，遇到一堵墙，过不去，然后我就按照他的建议重新改。

蒋：
有没有哪个荣誉对您

罗：
"国家科学技术进步奖。"它比较难，我准备了大半来说是最珍贵的？

年。像"全国劳动模范"这样的奖，是水到渠成的。

蒋：
能否用一句话总结您成功的秘诀？

罗：
坚持。

蒋：
敢想敢干呢，我觉得这是您身上特别突出的一点。

罗：
如果敢想敢干，不坚持，还是得不到想要的结果。徒弟问我：您看我干了这么久也没成功，您有啥诀窍吗？我说：坚持，继续坚持。

印象

被高速动车组改变的人生

蒋菡

在采访前看材料的时候,我会写下对采访对象印象最深之处。对罗昭强,我写了两点:一是创新,一个技术工人能拿到"国家科学技术进步奖"二等奖;二是带徒,罗昭强工作室已累计完成技能培训超2万人次。

我想了解这两个点背后的"为什么"。

采访开始没多久,罗昭强就提到了技校的恩师刘承民。刘老师凭借过硬的技能备受尊重,让对未来还一片茫然的年轻人看到了自己努力的方向——想成为像老师那样的人。刘老师对学生的严格要求和关心爱护,也对罗昭强产生了潜移默化的影响,如今他把老师的做法用在了自己带徒弟上。

为什么罗昭强那么重视培养徒弟?我找到了根源。每一次的采访,就像溯流而上的旅程,当你发现那个源头后,会有一种打通任督二脉般的畅快感。每一个"他"之所以成为"他",都有缘由。

为什么一个技术工人能拿到"国家科学技术进步奖"二等奖?这背后的故事挺有意思。罗昭强原本研发了本岗位维修电工的培训设备,后来正好企业有研发高速动车组调试工培训设备的需求,他便拍胸脯承担了下来。这样的"挑战不可能",有技术和经验的积累"打底",也有敢想敢干的魄力助推,还少不了企业的不拘一格、知人善用。

4个小时的采访,罗昭强金句不断。因为看得明白,所以活得通透。因为心态积极,所以活得开心。因为自得自在,所以活得舒展。

能低头拉车，也能抬头看路；能扎根、能坚持，也能抓住甚至创造机会；不认命、不瞻前顾后，善于"做梦"也善于行动。这样的人，不成功恐怕很难。

罗昭强的微信朋友圈封面用的是他在高速动车组调试工培训设备上带徒的照片，配了几句词："本是后山人，偶做堂前客。醉舞经阁半卷书，坐井说天阔。"他告诉我，这出自小说《遥远的救世主》。"这几句话跟我有心理碰撞，我本是个工人，却有机会站到台上甚至是大学的讲台上。弱者文化是依靠别人，我崇尚的是强者文化，去争取，去努力，去创造。"

这不正是他的成功秘诀吗？

后来，我是在"复兴号"动车组上整理对罗昭强的采访录音的，想到这列车有可能就出自他手，就觉得挺有意思。不到 4 个小时的时间，"复兴号"把我从北京带回了家乡。自从有了"复兴号"，回家成了"说走就走"的事儿。而在"复兴号"出现之前，这趟 1000 多公里的回家路是一段漫长的旅程。

高速动车组改变了你我无数人的生活，也改变了罗昭强的人生。更准确地说，是他为自己争取到了制造高速动车组的机会，努力创造了更有意义、更值得回味的人生。

笑末

当一根好用的烧火棍

邓士杰

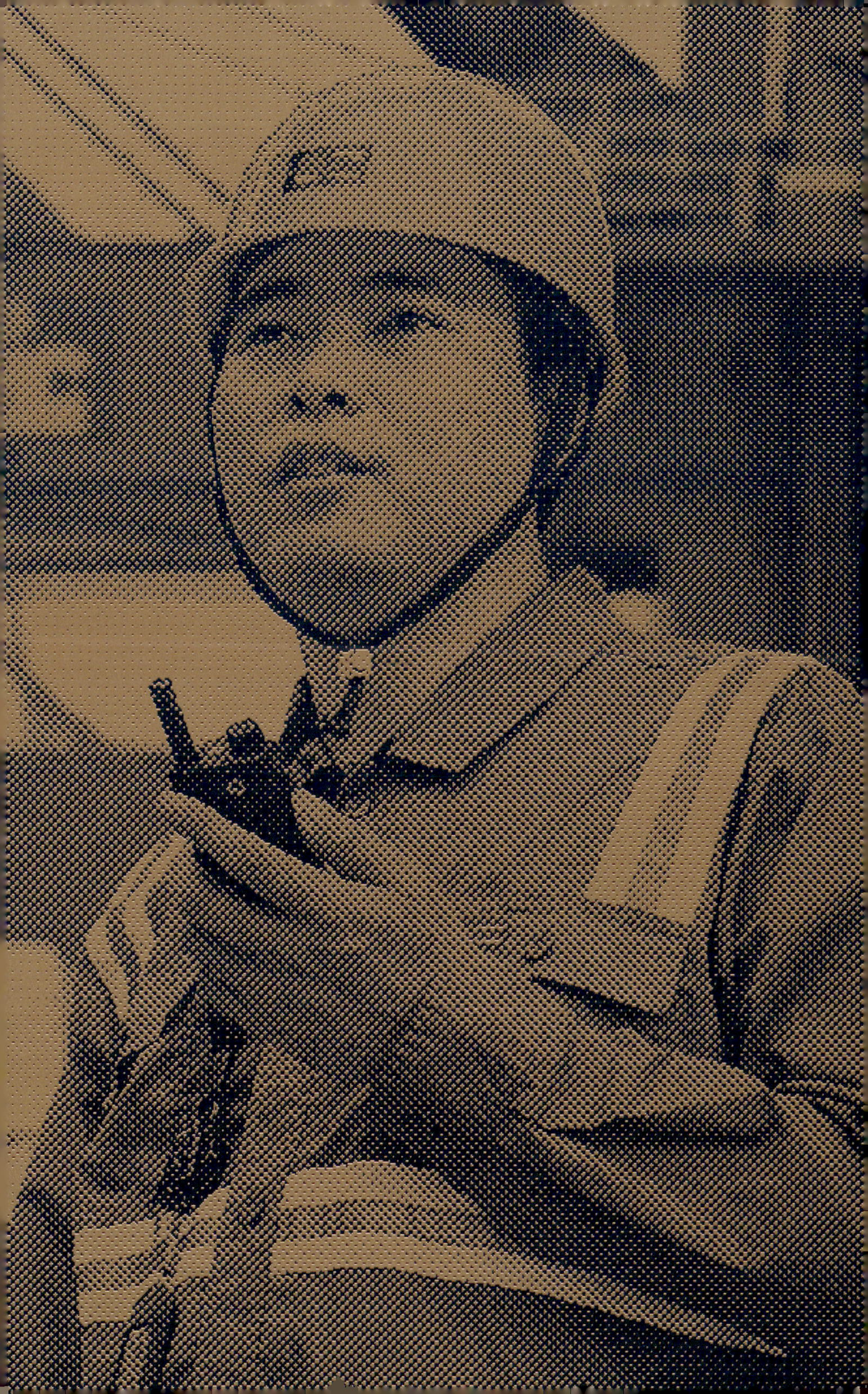

当一根好用的烧火棍。　——竺士杰

竺士杰

宁波舟山港北仑第三集装箱码头有限公司营运操作部桥吊司机,宁波舟山港集团首席技师。长期致力于桥吊操作法的提炼、升级和推广工作,为宁波舟山港培养了一大批高技能人才,为宁波舟山港成为年货物吞吐量13年蝉联全球第一、集装箱吞吐量稳居全球第三的世界级大港作出了重要贡献。

1980年3月
出生于浙江省宁波市

1998年
毕业于宁波港职业学校港口机械驾驶专业,进入宁波北仑国际集装箱码头有限公司,先后担任龙门吊司机、桥吊司机

2004年
宁波港吉码头有限公司桥吊司机

2006年
获宁波市桥吊技能比武第一名,并获得宁波市"首席工人"称号;"竺士杰桥吊操作法"成为集团首个以工人名字命名的操作法

2009年
获得"全国五一劳动奖章"

2015年4月
获评"全国劳动模范"

2016年
宁波舟山港北仑第三集装箱码头有限公司营运操作部桥吊司机,竺士杰创新工作室主任

2018年8月
当选浙江省总工会副主席(兼职)

2018年
获评"全国技术能手",当选全国青联委员

2020年
获评2019年"大国工匠年度人物"

2021年11月
获评"全国道德模范"

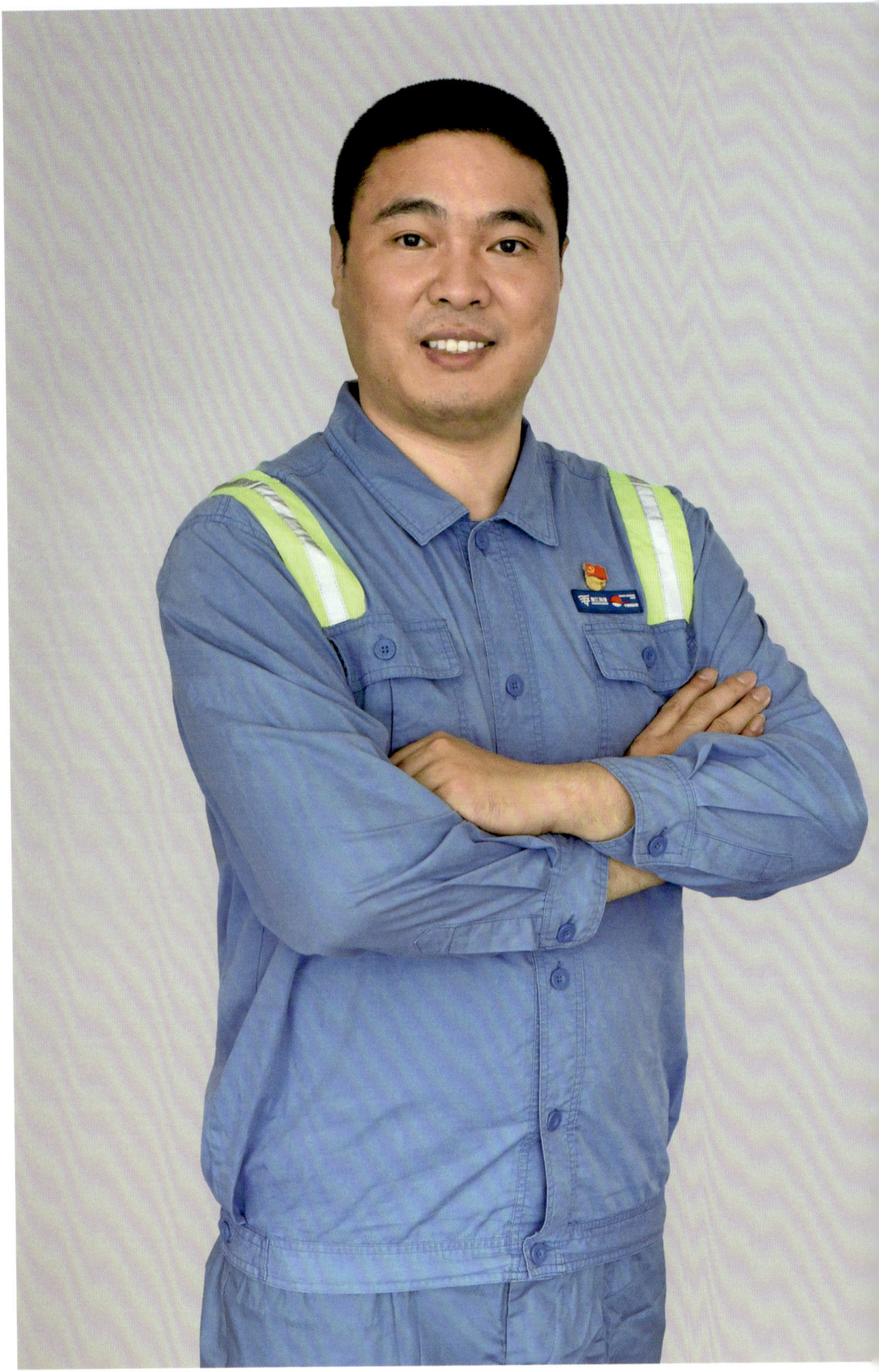

感兴趣的问题

1. 作为一名"80后"工人,您获得了工人所能得到的最高奖项,是一种什么样的体验?
2. 看起来一帆风顺,您是否也遇到过挫折?
3. 今天的您是"栋梁"还是"烧火棍"?
4. 热爱运动和古典音乐,对您的工作和人生有怎样的影响?
5. 年届不惑,对自己的职业生涯和人生有什么规划?

受访者
竺士杰

采访者
蒋菡

采访时间
2020年6月7日
2020年6月14日

得加倍努力做得更好,才能担得起这些荣誉

蒋:

您得过很多奖项,可以说一个工人所能得到的最高荣誉您几乎都得到了,其中最让您感到开心的是哪个?

竺:

获得2006年的宁波市桥吊技术比武第一名,是最开心的,那是我得到的第一个大的荣誉。当时参赛我不是特别紧张,因为很自信,对自己的技术有把握,了解自己的水平在行业里处于什么样的位置,就应该拿这个第一名。

2007年,我拿到(浙江)省里的"金锤奖"。开桥吊能获得这么高的荣誉,还是省长给我颁的奖,我也特别开心。

蒋：

后来得到一些更高的荣誉呢？

竺：

后来得到越来越多、越来越高的荣誉，反而越得越不踏实了，没有多大的喜悦感和成就感，更多的是一种压力。技能大赛的奖是比出来的，感觉实至名归，能够坦然接受。后来的很多荣誉都是评出来的，总觉得自己担不起，心里不踏实。所以2009年，我跟单位提出，不要再给我荣誉了。单位说，拿这个荣誉不单单是代表个人，也是代表单位，代表大家拿的。这样我才坦然一点。

蒋：

荣誉越多，荣誉越高，您越有压力。

竺：

是的，得加倍努力做得更好，才能担得起这些荣誉。就好像很多记者来采访我，对我来说也是一种压力，工作上得不断有新的成绩才能跟别人聊啊！

不踏实就不安心，要不断用更大的成绩去证明自己。就像2016年参加央视的《挑战不可能》节目，要操作桥吊吊着集装箱将足球"踢"进35米远的球筐。当时我已经是全国劳模了，为啥还要顶着巨大的压力去参加？就是想证明"竺士杰桥吊操作法"有用，更是把那次挑战当作我们宁波舟山港人的一次实力展示。

蒋：

要不断地努力、不停地向前跑，很累吧？

竺：

特别累。这个状态是劳模身份带来的，也是企业氛围带来的。比如，企业对技术工人有考核指标，其中很大一块是看创新成果。2015年，公司成立了以我的名字命名的劳模创新工作室，工作室每年都要推出新的东西，我得不断琢磨怎么创新。

当然，成果出来后，还是有乐趣、有成就感的。比如，开桥吊的要求是稳、准、快，但之前没有数据去体现准有多准、快该多快,全国都没有。我们工作室从 2016 年开始研究如何统计"准"的数据,去年开始研究如何统计"快"的数据。还有,原来统计效率只统计作业线的单机和船时效率,而无法体现桥吊司机操作技能的效率,对于这方面的研究我们马上也要完成了。这些创新对于班组管理很有效,谁操作上有弱点、弱点在哪儿、如何提升都可以一目了然。

要当一根好用的烧火棍,就要踏踏实实地学好技术

蒋:

您今年正好 40 岁,体会到四十不惑的感觉了吗?

竺:

到这个年纪,人生该是什么样的,基本定型了。我这辈子就是当个工人,然后争取发挥好劳模这个身份应有的作用。劳模是荣誉,更是责任。就像今年 3 月 29 日习近平总书记来到宁波舟山港穿山港区考察时勉励我的这句话:"发挥好劳模作用,带出更多的劳模。"

蒋:

小时候,我们都会说要努力学习,争取长大了成为祖国的栋梁。回望过去,您觉得长成了自己想成为的样子了吗?

竺:

我一直记着我上技校的第一天语文老师说的话:"人在社会上分为栋梁跟烧火棍,那些上重点高中今后考上名牌大学的人是栋梁,你们考上技校的就算是烧火棍。但是,栋梁有栋梁的用途,烧火棍有烧火棍的用途,只要派上用途为社会作了贡献,就都是人才!"当时,他这句话好像一下子把我点亮了,我有了自己

的人生目标——成为优秀的技术工人，当一根好用的烧火棍，一样可以成为对社会有用的人。

虽然得了这么多荣誉，但我始终觉得自己是一根烧火棍。我从来没想过自己能当栋梁，那是名牌大学毕业的人才能当的，他们是干大事情的人。

我是全国青联委员，每次开会见到那些年轻的企业家、学识渊博的教授，都觉得他们才是真正的栋梁，自己太渺小了。

蒋：
其实他们很可能也非常佩服您。

竺：
他们可能会觉得我有这样的技术不容易，挺牛，挺厉害，但我的成就和贡献跟他们没法比。像我在青联认识的厦门大学物理系主任蔡伟伟教授，他上高中时就把大学的物理课都自学了，考上了中科院物理系，现在30多岁，做着国内物理领域最尖端的研究，教出好多优秀的学生。像他们这样的人，对国家的贡献更大。我仰慕他们。

蒋：
很少听到有人用"仰慕"这个词，尤其是从一个全国劳模的口中听到。得过那么多荣誉的您为什么还能保持如此的谦逊？

竺：
"荣誉"和"谦逊"我觉得没有本质的联系，对于像蔡教授这样学识渊博而且在学术领域对国家发展有更大贡献的人才，仰慕就是我内心最为朴素、直接的情感表达。

蒋：
您的了不起或许在于，您在一个平凡的岗位上做出了不平凡的成

竺：
天时地利人和。这个过程不可复制，每个人的成长都是跟时代相契合的。我是"80后"，是伴随着国家改革开放成长起来的一代。1998年我参加工作来到港

蒋：在很多人眼中，您是一个值得钦佩的人，是个成功者，您认为您成功的秘诀是什么？

蒋：但当年跟您一起进入港口工作的 40 个人中，只有您成为全国劳模、大国工匠。您身上肯定有一些与众不同的劳模特质、工匠特质，您愿意用哪些词汇来形容自己的这些特质？

口，2001 年我们国家加入世界贸易组织，融入全球化的贸易体系，迎来了外贸大发展。我正好赶上了港口集装箱业务大发展的大环境，拥有了成长、成才的好机会。

竺：
一个是不忘初心。我始终认为自己是一根烧火棍，要当一根好用的烧火棍，就要踏踏实实地学好技术。
另一个是挑战自我。我从开龙门吊转到最难操作的桥吊，从手把手地带徒弟到把操作法整理出来让更多人学习，再到成立创新工作室，还获得了这么多荣誉，还有了省党代表和省政协委员、全国青联委员、省总工会兼职副主席等身份，要代表一个个群体去发声，这些对于我来说都是非常大的挑战。我是一个勇于接受挑战的人，这是性格决定的。
我的经历看起来好像一帆风顺，其实不断有挑战在里头。我遇到过很多困难，就一个个去克服。我不会想着今后怎么样，重要的是先做好当下的事情。

从小我就觉得当技术工人很厉害

蒋：我记得小时候谈到理想，同学们会说想当科学家、老师、医生、

竺：
想当卡车司机。我从小就喜欢汽车模型。5 岁那年，我爸爸从上海打工回来，给我买了一套汽车模型玩具，里面有各种各样的车。我最喜欢的就是大卡车，

解放军，但很少有人会说想当工人。您小时候的理想是什么？

答：

因为大卡车可以装很多东西。当时我就想，长大了要做一名卡车司机，载着货物满世界地跑。

蒋：

那您现在算是超越梦想了，开桥吊吊起的东西比开卡车多多了，只不过不能满世界地跑。男孩通常受父亲的影响比较大，您父亲是做什么工作的？

答：

我特别崇拜我爸，他是建筑公司的电工。我小时候经常听我妈讲，爸爸是高级电工，是整个公司维修技术最好的电工师傅。我们家里的收音机、电视机等很多家电，我爸都能自己组装起来，所以从小我就觉得当技术工人很厉害。

蒋：

耳濡目染，所以后来选择了上技校？

答：

初中毕业时，我面临人生路上的第一次选择，上高中还是读技校？我的父母和班主任都希望我上高中，因为比较体面，万一考上个有名的大学还可以光宗耀祖。但是我了解自己，我初中学得非常累，即使很努力，英语、语文也远远落在后面。于是，我跟我妈商量，既然考大学希望不大，就上技校，我动手能力强，可以好好学一门技术。

蒋：

您看上去应该是那种乖孩子，怎么会学习成绩不太好？

答：

从小到大老师对我的评价就是勤奋，不用老师操心，但读书也要有天赋的。我小时候记忆力不好，背诵特别费劲，不管多努力，都背不出来。语文、英语对我来说都是灾难，不管多用心，我都学不好。我地理学得最好。对着一张地图，我就能把一个地区的地形、地貌、气候以及动物、植物的特点等讲得清清楚楚。我记忆力不好可能跟身体状况有关，这个情况我还是自己有了孩子以后才发现的。我女儿睡觉时老打呼噜，还经常感冒、发烧、嗓子疼。后来我带她去医院检查，医生说是腺样体肥大导致的。医生说小孩在成长过程中多少都会有一点腺样体肥大的情况，6岁到8岁以后腺样体会自然萎缩，恢复正常。但是，有一部分小孩的腺样体会过于肥大，使得睡觉时堵住气道，导致缺氧，如果不进行手术治疗，会对智力发育产生影响。所以，我女儿2岁时做了手术，将肥大的腺样体切除了。我妈回想起我6岁之前也有和我女儿手术前一样的症状，很可能就是这个病影响了我的记忆力。

蒋：
如果你小时候也因为那些症状去医院检查，得到了及时的治疗，可能人生也会被改写，但也未必能获得比现在更大的成就。人生很奇妙。

竺：
这我倒从没想过。我能做的就是面对现实，做好自己能做的。

一个人最好从小就能坚持去做一项运动，在运动中吃点苦，享受到乐趣，获得成就感

蒋：
会不会因为记忆力影

竺：
我小的时候读书不太好，所有成就感都来自运动。我

响到成绩，然后您本身上进心又很强，小时候很有挫败感？

蒋：您应该是有运动天赋吧？

竺：一年级就进校队的集训队了，一直到技校都是校田径队主力。

竺：我身体的协调性比较好，对技巧的领悟力也比较强，老师说一遍，我就明白了。我擅长投掷项目，像铁饼，要旋转投掷，把力从腿部带到肩部，一气呵成。铅球也是，手上不受力，而是顺势把球推出去。无论哪一个环节不到位，哪怕是手指指尖没有用对力，或者是腰跟髋部协调得不好，都会影响成绩。

蒋：即使是力量型的项目，也需要技巧，需要动脑。

竺：力量型和耐力型的项目，一般人只擅长其中的一种。我块头大，擅长铅球和铁饼这样的投掷项目，但我中长跑也不错。

蒋：中长跑更考验意志力。

竺：得能吃苦。在中长跑的过程中会出现心跳加速、胸闷等症状，非常难受。但一旦你挺过极限，就比较轻松了。如果你不能坚持下来，那就永远也体会不到超越极限的那种快感。

蒋：这种意志力的磨炼在您以后的工作中应该有很大影响。

竺：体育运动和机械操作是相通的。首先得练好基本功。不要因为眼前觉得挺累的，就不按规矩去练基本功。虽然不练基本功看起来也能完成任务，但提升空间会很有限。只有把基本功练扎实、练到位了，以后发展的空间才会很大，因为效率、安全、疲劳程度等，都建立在操作标准化的基础之上。

然后得动脑。无论投掷还是中长跑，都有技巧。像长跑有跟跑的技巧、配速的技巧、呼吸与步伐配合的技巧等。你不光要学，还要琢磨，怎样能更快、更远。最后得坚持。要持之以恒地做一件事，再苦也要咬着牙坚持，才能体会到冲破极限后的那种轻松、那种乐趣、那种成就感。

所以一个人最好从小就能坚持去做一项运动，在运动中吃点苦，享受到乐趣，获得成就感。

趁年轻多学一些技能，对自己一定是有用的

蒋：

当初怎么选择读港口机械驾驶专业的？

竺：

那时候有些技校是企业开的，考哪个技校，既是学技能，也是选单位。当时电力企业和港口企业是我们宁波市最好的单位。我第一志愿是去电力技校，第二志愿是去宁波港职业学校，最后考上了宁波港职业学校，学习港口机械驾驶专业。我们这个技校很不错，同学里有几个成绩很好能上镇海中学（编者注：镇海中学是当地的重点高中）的，都没去，来了这儿。

蒋：

人生中会有几个关键的节点，就看如何选择。您在工作中有哪

竺：

从龙门吊转到桥吊。

1998年从技校毕业刚到单位的时候，我被分配到龙门吊岗位，没能去开港区最大的机械——桥吊，有些

个转折点是特别重要的？

遗憾，因为那是集装箱公司最有技术含量的一个操作岗位。驾驶龙门吊更讲究团队协作，而驾驶桥吊特别讲究个人技能。一个优秀的桥吊司机就是船时效率的保证，也是整条作业线上大家计件收入的保证，非常受人尊重，所以我内心还是对桥吊非常向往。

1999年6月，机会来了。当时，我们港口集装箱装卸业务开始大发展，公司提倡一岗多能培养年轻的操作司机。我第一个跑去报了名，同一批的师兄弟中只有3个人报了名，大家不是不想去，只是都有顾虑。我在龙门吊岗位已经成为熟练工了，收入相对稳定，我们班组甚至已经在考虑让我带徒弟了，而去了桥吊班要从学徒干起，只能拿学徒工资。而且桥吊岗位驾驶的是码头最难操作的吊车，如果学不好，还要回到原来的岗位。

蒋：
您当时也有纠结、有犹豫吗？

竺：
没有。我就想趁年轻多学一些技能，对自己一定是有用的。那时候年轻，有冲劲儿，想要挑战自己。而且，我是一个比较有忧患意识的人。龙门吊驾驶相对简单，今后这项工作很可能会被无人驾驶技术替代。如果到了30多岁，面临下岗怎么办？而桥吊驾驶非常难，哪怕技术再发展，可能也离不开人。

蒋：
所以您不在乎眼前的经济上的损失。开好桥吊需要什么样的特质？

竺：
同样是起吊集装箱的起重机，桥吊的驾驶室距离地面四五十米，是龙门吊的1倍多。而且龙门吊是在堆场里吊，桥吊则要从漂浮在海面上的船舶中起吊晃动着的集装箱，操作环境从静态变为动态，难度大大增加，需要天分，还有勤奋。

蒋：
天分和勤奋，您更看重哪个？

竺：
更看重天分。驾驶桥吊对操作技能要求非常高，如果没有天分，学不好，反而会影响年轻人的成长。天分与生俱来，而勤奋可以通过各种管理制度去规范、去要求。比如有各种绩效考评，所以即使你一开始没那么勤快，也会按要求完成工作任务。

我的目标是稳、准、快，我就是想抠到极致，把活儿干好。好技术不仅意味着高效率，还有被尊重

蒋：
第一次上桥吊的情景一定印象特别深刻吧？

竺：
1999年6月底的一天，是个雨天，我第一次跟着师傅上了桥吊。桥吊太高了，必须坐电梯，等电梯一停，门一开，师傅大步走了出去，我跟在后面一步一步挪，因为底下铺的网格都是镂空的，就像悬空在走一样。从40米高的桥吊上看，龙门吊就跟玩具车一样在场地里慢慢地开来开去，而堆场上的集装箱就像搭的积木长城一样。

那天也是我第一次操作桥吊。师傅向我介绍了操作要领和操作安全注意事项后，就让我试着去吊箱子。我坐在驾驶室里，握着操作手柄，全身都在使劲儿，还

不自觉地弯腰往下靠，脸都快贴到下视玻璃上了，恨不得能离集装箱再近一些。我满头大汗地操作了10多分钟，但底下的吊具一个劲儿地晃，根本不听我指挥，最后还是师傅出手吊起了那个箱子。

看着师傅行云流水般地甩着抛物线抓取船上的集装箱，我就想自己什么时候能够像他那样操作自如。有压力的同时，我还鼓励自己，只要好好学，师傅能做到的我也一定能做到。

蒋：
后来您用了多长时间掌握了这门高难度技术，有什么窍门？

竺：
3个月后，我就考取了桥吊操作证，一般人得半年。我不光跟着自己的师傅学，有空还会去看其他师傅操作。当时桥吊班每个优秀司机都有个响亮的绰号，比如"大侠""半仙"等。操作不太好的司机也有绰号，比如"姜太公"，"姜太公钓鱼——愿者上钩"，形容吊得非常慢。我会专门找"大侠""半仙"学优点，也会去"姜太公"那里看他操作，找他吊得不快的原因，避免自己也出现同样的错误。

蒋：
这一招叫扬长避短。青出于蓝而胜于蓝，您肯定不会单单满足于"学会"。

竺：
桥吊班有个龙虎榜，每个月排名前十位的人能上这个榜。在桥吊岗位工作两年后，渐渐地，我的名字常常出现在龙虎榜上。虽然如此，我对桥吊操作的疑问却越来越多。比如，我很少能将小车稳关定位一步做到位，有没有更好的操作方法？师傅没有，整个桥吊班也没有。我觉得这不是熟能生巧的问题，而是要找到一种新的标准化的操作方法。

那段时间我脑子里一天到晚都是吊具抛物线的运行轨迹。有一次，我握着手机上面的绳子把手机从口袋里拉出来时，突然发现手机像钟摆一样在眼前晃动。我一下子灵光乍现，想到可以运用钟摆原理，通过控制桥吊驾驶室平台的加、减速，稳定被吊物体。

蒋：
好像牛顿被苹果砸中的瞬间。

竺：
有点那种感觉。但落实到具体操作上，还要一遍又一遍地尝试。桥吊的挡位间隙很小，一不小心三挡没定住就推成了四挡。挡位如果选择不对，有可能会出现多余的或者大幅超出自己预期的摆动幅度，造成危险操作。我就把虎口卡在手柄上精确推挡，时间一长，手上都磨出了血疱。

新办法使用初期，车子晃、挡位滑，简直是一塌糊涂，效率一个劲儿地往下掉，我连续几个月跌出了龙虎榜。我也有过想放弃的念头，但最后坚持了下来。

蒋：
这个过程比较像长跑，经过多长时间您才能自如地应用这种新操作法？

竺：
一年多。操作更加平稳，定位更加准确，效率大大提高。老方法最快 1 个小时能吊 30 个左右的箱子；用了新方法后，我 1 个小时轻轻松松就能吊到 40 多个，并且由于操作原因引起的故障也基本没有了。我的名字又重新回到了龙虎榜上。班长指派我去赶船期的活儿也越来越多，大家就送了个"救火队队长"的绰号给我。

蒋：
事实上并没有人要求您去研究新的操作法。这个过程中您靠什么信念支撑着自己坚持做下去？

竺：
我的目标是稳、准、快，我就是想抠到极致，把活儿干好。

蒋：

把活儿干好意味着什么？

竺：

好技术不仅意味着高效率，还有被尊重。在码头上，你干活儿干净利索，着箱命中率高，花的时间少，不用集卡司机（编者注：指负责运输集装箱的卡车司机）多等，从人家看你的眼神里都能感受到尊重。

很多人说我懂创新，可我觉得自己只是想把事情做得更好

蒋：

在一线，不仅要自己会干，还要带着徒弟、工友一起提高。能力越强，责任越大。最开始整理操作法，是有人要求您做吗？

竺：

当了桥吊班工班长后，我就不是只需要带好一两个徒弟了，我有责任带好一个班组。如果我的操作方法只能手把手教，显然范围太小。于是，我就想把我在教徒弟时的带徒笔记整理成系统的操作方法，那就有更多的人能掌握技能，也能在岗位上留下点什么。

蒋：

在岗位上留下点什么，是一种很高的追求。

竺：

整整3个月的时间里，我手写完成了8000字左右的第一稿操作法，得到了公司的高度重视。公司抽调人员逐字逐句地推敲与完善。2006年12月，公司将我写的桥吊操作法正式命名为"竺士杰桥吊操作法"。

蒋：

如果说拿了技能大赛冠军是开心，那么拥

竺：

这是原来想都不敢想的事情，很满足，很欣慰。其实当年操作时特别辛苦，操作法就来自日复一日的磨炼

蒋：
有了以自己名字命名的操作法，是什么心情？

和积累。印象最深的是，刚参加工作不久，有一次我连续干了 21 个班，一周白班、一周晚班、一周中班，大三班倒。有一天下晚班以后，我从早上 9 点多一直睡到第二天凌晨 5 点多，足足睡了 20 小时。本来夜班应该是零点上班的，我睡过了头，错过了班车，只能从宿舍走 1 小时到单位。

那时候我干的比一般师傅要辛苦很多，所以特别特别累。但我从来都没觉得是吃亏。领导、师傅安排我多干，是给我机会，只要干了，都会有收获。带徒弟的时候，我也总这么说：多学多干，你学会了，就是你自己的本事，干活儿没有吃亏的。

蒋：
对您来说，管人更难还是提高技术更难？

竺：
肯定是管人更难。我们整个桥吊班 271 个人，平均年龄 28 岁。现在的年轻人想法很多，比较以自我为中心，主动钻研的精神会比老一辈人差一点，往往是师傅说了才会去做。但我无论带徒弟也好，带班组也好，要求严格，但不会很严厉，主要是动之以情、晓之以理，很多时候还是用行动去带动、感染别人吧！

蒋：
跟您几次接触，我的印象是您做事追求极致，但为人非常随和。

竺：
我对事较真，不对人较真。跟同事相处，我会经常换位思考。我不觉得自己有多厉害，所以也不会高调。

蒋：
"竺士杰桥吊操作法"的推广，发挥了怎样的作用？

竺：
据测算，2016 年至 2019 年，4 年来桥吊司机平均一次着箱命中率从 72.6% 提升到了 79.68%。数据虽小，但放大到千万级码头来说，就是个大数目。公司算了一笔账，桥吊一次着箱命中率提高 7%，一年可节约成本21.6万元，还能多吊出100多万个标准箱，相当于多出来一个泊位的年作业能力。而建设一个泊位的初始投资就需要10亿元，还不包括堆场等配套设施。

蒋：
从这个角度来看，您怎么能说您干的不是"大事情"呢？

竺：
我为自己在平凡岗位上的努力付出感到骄傲和自豪。很多人说我懂创新，可我觉得自己只是想把事情做得更好。只要肯动脑、多钻研，任何人都能创新。

第四次工业革命会给各行各业带来深刻改变，这是不以人的意志为转移的，我们应该去享受这个过程

蒋：
2015年成立"竺士杰创新工作室"，您的心情又是怎样的？

竺：
这是一个集中了生产、管理、技术等方面的40多名优秀人才的创新团队。他们都是高学历、高素质的栋梁，而我这个蓝领"烧火棍"能有机会在这样一个团队里，非常幸运。我仿佛进入了另一个天地，他们让我接触到了更新的技术与理念，我的视野更广、更宽了。

有了这个工作室后，怎样持续创新成了我肩上的一副重担。顶着这个名头就得干实事儿。我们花费几个月时间把"竺士杰桥吊操作法"做成了3D版，又做了

竺：

船模。船模比 3D 图更直观，方便用来模拟桥吊操作。

蒋：
工作室中有不少高学历的技术员，你们合作得怎么样？

竺：
我们是互补关系。我从操作中感知到的问题、想改善和创新的点，需要他们去实现。像现在开发的效率监测软件，先由我来告诉他们需要在哪些关键节点上进行监测，他们再写相应的程序。软件开发出来后，运用是否合理，也需要我在操作过程中去确认和评价。好几个技术员说，非常愿意跟我合作，觉得我点子蛮多的。

创新不单单是工人的事，也不单单是技术员的事，要靠双方合作。这几年我们比较有影响力的创新都是通过这种模式做成的。

蒋：
学无止境，创新也无止境。

竺：
这也是我的一个焦虑点。桥吊操作方面可以做的创新基本已经做完了，现在我们正在推进的是远程操控、无人操作技术等方面。而无人操作技术发展得越快，我们司机的发展空间就越小。像我们核心的稳关技术，以后如果实现了无人操作，可能比人更加稳、准、快。人会疲劳，但机器不会，定位精度肯定比人强。桥吊这个岗位目前来看还不可能完全实现无人化操作，但通过相关创新，可以降低劳动强度。对此，我既期待，又有点焦虑。

蒋：
等于是自己在研究怎样来替代自己。

竺：
这是全社会共同要面对的问题。第四次工业革命会给各行各业带来深刻改变，这是不以人的意志为转移的，我们应该去享受这个过程。

我们可以利用大数据来监测操作司机的真实操作效率，利用5G、人工智能、大数据、物联网等技术来开发码头的远程操控、无人操作技术，更好地迎接集装箱大船时代的到来。只有不断学习，才能跟上打造世界一流强港的发展步伐。

不断摸索的过程对我来说是一种很大的乐趣。我想调出自己最想要的声音。人生有所期待，本身就是很美好的

蒋：
平时工作压力很大，有什么化解压力的方式吗？

竺：
听音乐，主要是听古典音乐。我妈爱听各种歌曲、戏曲，我从小也跟着听，慢慢地喜欢上了，尤其是古典音乐。音乐可以让人平静，让人放空。

蒋：
您是属于普通的音乐爱好者还是到了发烧友的级别？

竺：
算发烧友吧！我挺喜欢摆弄音响设备的。它有不断升级的空间，比我们工作中操作机器的提升空间更大。其中有很多门道，像改善避震性能、搭配电线都有讲究，哪怕是把放器材的脚架换了、把音响的位置移动了，都可能带来不同的效果，会不断制造惊喜。
比如，音响后面的一根跳线，是让高音和低音倒通的。原来用的是铜线，最近我换了根银线，以为声音会变得更纤细，结果声音变得既细腻又厚润，这是个很大的惊喜，我挺有成就感的。前段时间我还自己做了根电源线，效果非常好。我花 2000 多元买的线、3000 多元买的电源插头，最后出来的效果跟人家花十几万元买的大牌线材差不多，我非常开心！

不断升级、不断调试在别人看来可能有点折腾，但这个不断摸索的过程对我来说是一种很大的乐趣。音乐本身没有绝对的最好、最差，每个人的感受不尽相同，但是我想调出自己最想要的声音。人生有所期待，本身就是很美好的。这也是我对美好生活的向往的一部分。我的终极目标是不断改造出更好的音响，能听出非常棒的交响乐队现场演奏的效果来。

蒋：

从您的讲述中，我能感受到您从音乐中获得的那种纯粹愉悦。

竺：

听音乐这件事，没有压力，只有快乐，还有成就感和美好的期待。

蒋：

音乐、运动和驾驶桥吊，风马牛不相及，但您在自己热爱的这些事情里，有着一脉相承的追求，更动听、更快、更远、更稳、更准、更快。是不是在您的字典里，没有"差不多"这三个字？

竺：

"差不多"是不行的，我自己内心有一个追求的标准，尽量去做好。

蒋：
如果人生可以重新来过，您会想从事什么职业，会不会想学音乐或者专门做乐器？

竺：
我最想做个匠人，学一门更精、更专、更有挑战性的技术。我最理想的生活状态是，做一件自己喜欢的事情，能用它挣钱养家，又能相对自由地安排时间。一生只做这一件事，做好这一件事，比较纯粹，这会是内心最满足的状态。

蒋：
一直做同一件事，时间长了，是不是也会厌倦？

竺：
反复做一件事会厌倦，但如果不断注入新的东西，就不会厌倦。我理解的很厉害的匠人，不是机械化地反复去做一件事，而是不断给自己提出新的挑战，会将新的元素融入每一件作品中。像大国工匠木雕艺术大师郑春辉，我就非常羡慕他的工作状态。

印象

"幸运儿"的另一面

蒋菡

第一次接触竺士杰是在 2015 年的夏天,在全国总工会举办的一次劳模疗休养活动中,有个劳模班组长论坛,其间我们聊了聊。他眼神清澈,为人质朴、谦逊、坦率。那次,他聊到了自己的困惑:年年要有创新,但创新很多时候不是一朝一夕之功,用数量来考核是否合理?他还提到喜欢古典音乐,让我觉得挺有意思——工人和古典音乐之间,好像是不搭界的。

第二次是在宁波,2017 年 3 月,我去了他工作的码头,跟他上了 40 多米高的桥吊,在那 8 平方米左右的驾驶室里,看他气定神闲地操作。总是保持谦逊态度的他,那一刻像个国王,桥吊上的国王。晚上,我去他家听音乐,他对音响、唱片如数家珍。那一刻的他,仿佛握着通往音乐世界的钥匙。他的"发烧"程度,让我惊叹。

这是一个桥吊司机的两面——他可以行云流水般操纵港口最大的设备,也可以沉浸在多姿多彩的音乐世界里。

这也是这个桥吊司机的同一面——追求极致。最稳、准、快的操作,最动听的音乐,都是他追求的目标。

后来,陆续有他的消息传来:2018 年当选浙江省总工会兼职副主席;2019 年获评"全国技术能手"和全国青联委员;2020 年 3 月 29 日,习近平总书记到宁波舟山港视察,他作为工人代表向总书记汇报情况。好像所有的好事都让这个"80 后"赶上了,他是那个每一步都恰好踏准了节拍的人。

  2020 年 6 月的两次电话采访，让我发现了他身上更多的幸运之外的东西。他并非一帆风顺，但会正视现实，然后选择一条适合自己的路。好运也不是从天上掉下来的，是不计眼前得失的持久努力带来的。这是"幸运儿"的另一面。

后记

很多年以后,回想起这场目前还看不到尽头的"世纪疫情",我的记忆里一定会有新冠肺炎疫情防控期间写这本书的经历。

一

2020年5月,我接到中国工人出版社编辑习艳群博士的电话。她说想出一本大国工匠访谈录,"你在《工人日报》当了这么多年记者,采访过不少劳模、工匠,有没有兴趣"?

写书?这是一个当了18年记者的人还不曾认真考虑过的事。

日复一日,不是在出差的路上,就是在写稿的途中,从忙忙碌碌的年轻记者写成了依然忙忙碌碌的"资深记者"。也曾在某些受触动、被打动的时刻兴起过写书的念头,但只是想想而已,就像石子投入湖面,荡起几圈涟漪,很快又消融于奔波的日常中。

这一次,一本书的策划案摆到了我的面前。

我心动了。这是我感兴趣的体裁——人物访谈,也是我有一定积累的领域——工匠，更是我比较认同的写法——不同于常规的宣传工匠事迹的图书，而是侧重挖掘他们的思维方式、人生态度、工作方法，探寻他们成长为优秀乃至杰出工匠的"密码"。

一直以来，我对"人"有着浓厚的兴趣。在记者生涯的无数次采访中，我也曾因缘际会走进某些受访者的内心，并有过那样一些心灵交汇的时刻——我把那一刻的感觉称为"幸福"，那也是记者这个我自小认定的职业所给予我的美好馈赠。

年岁渐长，我越发明白时间的可贵，更想要把时间花在有意思、有意义的事情上。写书这件自己没做过的事情，有意思；写一本探究工匠如何长成的书，有意义。尤其在疫情较为严重的时期，大部分时间都在居家办公，对我这个习惯了东奔西跑的人来说，还真有点憋闷，遇到一件有意思、有意义的事情，何不一试？

但顾虑也不是没有。

一来，疫情之下出差不便，访谈如何进行？对于"线上聊"的建议，我起初是抗拒的。隔着冰冷的电子屏，这样的"非接触"式访谈如何能访出温度、谈出深度？转念一想，如果条件所限，为什么不能尝试一下？疫情之下，很多行业都在寻找新的方式、拓展新的渠道，比如直播带货、云上旅游。有些地方本没有路，路是人走出来的。

二来，大国工匠的故事被太多次讲述过，被太多人书写过，很多细节也一再被描摹、被还原，我还能挖掘到什么不一样的东西？再转念一想，如果不去挖，又如何知道能不能挖到？访谈，不同于单向度的讲述，某种程度上是透过采访者的观察、思考、人生体验和认知角度，来探索受访者的世界。即使是同一个人对同样经历的讲述，也会因为采访者的不同而产生不同的化学反应。

随后，我开启了这场访谈之旅。

二

何为工匠？追根溯源。在《辞源》中，工匠指有某种工艺专长的人。在《辞海》里，对工匠的注释是手艺工人。

荀子的解释则更直白："人积耨耕而为农夫，积斫削而为工匠。"即长期从事农业生产的人为农夫，长期使用斧头等工具的人为工匠。

在中国传统文化语境中，工匠是对所有手工业者的称呼，如木匠、铁匠、瓦匠。随着经济社会的发展，工匠的内涵从手工业扩展到制造业，再扩至更广泛的从业人群，而工匠精神正日益成为各行各业共同的职业追求。

我国自古就有尊崇工匠精神的传统。《诗经》中的"如切如磋，如琢如磨"，反映的就是古代工匠在切割、打磨、雕刻各类器物时是怎样的一丝不苟、精益求精。工匠精神的代表人物，既有被木匠奉为祖师的鲁班、主持修建都江堰的李冰这样的大师级人物，也有"游刃有余"的庖丁、"惟手熟尔"的卖油翁这样的民间高手。

近年来，培育和弘扬工匠精神越来越受到重视。2016年的《政府工作报告》首次提出"培育精益求精的工匠精神"。2020年，习近平总书记在全国劳动模范和先进工作者表彰大会上精辟地概括了工匠精神的内涵：执着专注、精益求精、一丝不苟、追求卓越。2021年，工匠精神与劳模精神、劳动精神一起，成为中国共产党人精神谱系的重要组成部分。

本书的10位受访者中，既有跟航天器打交道的焊工、港口的桥吊司机，也有建造大桥的总工程师、设计弹道的院士，还有木雕大师、刺绣大师……他们来自不同行业、不同领域，但同样有着执着专注、精益求精、一丝不苟、追求卓越的态度,是工匠精神的杰出代表。

在这本书中,你能读到他们如何在漫长的职业生涯中,坚守本心作出选择、克服局限突破障碍;你能读到他们如何在提升技能、精进专业的过程中,不断地自我塑造、自我成长、自我完善;你还能读到他们如何通过辛勤劳动、诚实劳动、创造性劳动,将人生理想、个人价值融入推动国家发展、时代进步的大潮之中……也正因如此,我们把书名定为《态度——大国工匠和他们的时代》。

三

写这本书的过程比预想的顺利。

最先完成的是对竺士杰和巨晓林的访谈,都是通过视频通话进行的。这两位工匠我之前接触过,建立了一定的信任,"隔空"访谈也不太有隔阂。后来疫情有所缓解,得以与7位工匠戴着口罩面对面地聊。唯一没戴口罩"坦诚相见"的是余梦伦院士——我在2019年12月对他进行过一次访谈,内容跟这本书比较契合，大部分内容都没有发表过，所以在征得本人同意后，稍作修正和补充后收入此书。

从 10 位受访者身上，我看到了一样的东西，比如精益求精、锲而不舍。

从 10 位受访者身上，我也看到了不一样的东西。

在余梦伦身上，我看到了"仍是少年"的纯真，尤为欣赏。耄耋之年，他还像个孩子一般，不忘最初的梦想。当他不假思索地说出"我还是想造船"这句话时，一派天真，那么纯粹，那么可爱。

在罗昭强身上，我看到了"想到就做"的行动力，格外钦佩。采访他的那个下午，春日暖阳从窗口投射到他脸上，他整个人显得由内而外的阳光。他那天说的一句话让我在此后的日子里不时想起："向左走、向右走其实都没错，选了就别后悔。选了这条路，就要用心去耕耘这条路，让这条路开满鲜花。"不瞻前顾后，不犹豫纠结，坚定地向前走，这样的人生，怎么会不阳光灿烂？

在包起帆身上，我看到了想为社会多做点事的拳拳之心，心生崇敬。年逾古稀的他，抱着时不我待之心，还在日日奔忙、不断创新。让我想起诗人塞缪尔·厄尔曼说的：青春不是人生的某个时段，是一种心境。

……

每一次访谈，于我而言都是一种可贵的滋养。希望你，遇到这本书的人，也没有白白浪费这段读书的时光。

眼下，疫情仍在肆虐。在充满不确定性的当下，我们依然可以选择去做"确定的事"，比如兢兢业业地干好本职工作，比如从不懈怠地自我成长。正如作家阿尔贝·加缪所说："对未来真正的慷慨，是把一切都献给现在。"

2022年是我当记者的第20个年头，我也算是一个长期使用键盘的工匠。以此书，纪念。

蒋 菡
2022 年 4 月 7 日于北京

图书在版编目（CIP）数据

态度：大国工匠和他们的时代 / 蒋菡著 . —北京：中国工人出版社，2021.12
ISBN 978-7-5008-7774-5

Ⅰ．①态… Ⅱ．①蒋… Ⅲ．①成功心理 Ⅳ．① B848.4

中国版本图书馆 CIP 数据核字（2021）第 243788 号

态度：大国工匠和他们的时代

出 版 人	董　宽
责任编辑	习艳群
责任校对	张　彦
责任印制	栾征宇
出版发行	中国工人出版社
地　　址	北京市东城区鼓楼外大街 45 号 邮编：100120
网　　址	http://www.wp-china.com
电　　话	（010）62005043（总编室）
	（010）62005039（印制管理中心）
	（010）82027810（职工教育分社）
发行热线	（010）82029051　62383056
经　　销	各地书店
印　　刷	北京美图印务有限公司
开　　本	880 毫米 × 1230 毫米　1/32
印　　张	9.375
字　　数	239 千字
版　　次	2022 年 6 月第 1 版　2022 年 6 月第 1 次印刷
定　　价	78.00 元

本书如有破损、缺页、装订错误，请与本社印制管理中心联系更换
版权所有　侵权必究